基于组学技术的植物根际土壤微生态研究

MICROBIAL ECOLOGY OF PLANT RHIZOSPHERIC SOILS BASED ON OMICS TECHNOLOGIES

董伟　李丝雨　谢东◎著

内容简介

Introduction

本专著以赣南某离子型稀土尾矿修复土壤和浙江某自然保护区竹林入侵的森林土壤生态为例，系统地介绍了两种不同生态环境条件下各类型样地的土壤理化性质，重点研究了典型植物修复稀土矿区土壤根际微生物群落结构与功能的变化，以及竹林扩张后不同林地土壤环境因子对微生物群落结构与功能的影响，并对与生物地球化学相关的微生物功能进行了预测。

本专著可为深入认识基于高通量测序的基因组学、代谢物组学等技术在土壤微生态的应用研究提供较为丰富的信息，为系统理解离子型稀土矿山和竹林土壤微生物多样性、群落结构与功能，以及微生物参与改善土壤理化性质的分子机制等方面提供了较为完整的知识体系。

本专著可供从事环境生态修复、土壤微生物、高通量测序、代谢物组学等方面工作的科技工作者使用，同时也可以作为高等院校生物学、生态学和环境科学等专业高年级本科生和研究生的教学和研究参考用书。

前言

Foreword

土壤微生物作为陆地生态系统中的重要组成部分，是陆地生态系统的养分和地球关键元素循环过程的引擎。土壤中蕴藏的大量微生物在生物地球化学循环、污染土壤修复和全球环境变化中扮演着重要的角色，但土壤微生物群落结构和功能会受人为活动、气候、土壤性质以及植被类型等因素的影响。因此，研究土壤微生物及土壤与植物间的关系有助于为生态环境系统保护修复工程提供理论依据和实践指导。

一方面，我国是稀土资源大国，其中江西赣州因富含离子型稀土资源而享有“稀土王国”的美誉。然而，长期无序、过度开采，以及池浸、堆浸和原位浸采的开采工艺，对稀土矿区造成严重的资源浪费和环境污染。近年来，随着国家对土壤污染防治问题日益重视，赣州积极开展稀土矿山治理。稀土矿土壤生态修复常采用植物法，其中土壤微生物是生态修复的指示生物。因此，本专著以赣南某离子型稀土尾矿修复土壤为例，基于高通量测序的基因组学和代谢物组学技术研究典型植物修复后微生物群落、结构以及代谢物组学的变化等，理清微生物参与生态修复机理，为植物－微生物联合修复离子稀土矿生态提供科学依据，以期促进稀土资源开发利用与矿山生态环境保护协调发展。

另一方面，我国是竹资源大国，因竹子具有较高的经济价值常被广泛种植，然而，竹子生长快速、繁殖力强、形态多样，具集团协同的内禀优势，加上生态管理缺乏，导致竹子极易向其邻近的生态系统入侵扩张。竹林扩张会引起生态系统功能紊乱，对生物多样性和生态功能造成负面影响，同时会改变竹林周围环境土壤中的微生物群落结构和功能。因此，本专著以浙江某自然保护区竹林扩张的森林土壤生态为例，基于高通量测序的基因组学等技术开展了竹林扩张对土壤微生物尤其是根际微生物群落结构及功能影响的研究，深入了解竹林入侵的微生物机制，为竹林管理提供理论支撑，以期促进竹林经济效益和生态效益相统一。

第1章，绪论。本部分主要阐述了本书的研究背景和意义，总结了国内外相关领域的研究现状，评述了与本书研究问题相关的国内外文献。

第2章，研究内容和方法。本部分系统介绍了研究的主要内容和方法，描述了主要实验药品和仪器、样本采集以及数据分析的过程。主要研究内容包含赣南离子型稀土尾矿典型植物修复土壤微生态和竹林扩张土壤微生态两部分，主要研究方法包括磷脂脂肪酸法、高通量测序技术、基于液质联用的代谢物组技术等。

第3章，基于组学技术的稀土尾矿修复土壤微生态研究。本部分重点介绍了赣南离子型稀土尾矿典型植物修复土壤微生态的相关研究成果，主要内容包括分析植物修复对土壤性状的影响、基于高通量测序与代谢物组学研究土壤微生物结构与功能变化、探讨植物修复对稀土矿土壤的生态修复机制等。

第4章，竹林扩张土壤微生态研究。本部分重点介绍了竹林扩张下不同林地类型的土壤微生态的相关研究结果，主要包括竹林扩张对土壤性状的影响、基于磷脂脂肪酸法与高通量测序技术分析土壤微生物群落组成和根际微生物结构与功能、探讨竹林扩张可能的微生物机制等。

第5章，研究结论及建议。本部分总结了离子型稀土尾矿修复和竹林扩张两种不同生态环境下的土壤微生态研究，并基于研究结果，对离子型稀土尾矿植物修复和竹林扩张控制提出了有针对性的策略和建议。

本书提供了与离子型稀土尾矿植物修复、竹林扩张等研究内容相关的方法、插图和表格，为教学和科研工作提供了大量的原始素材与数据，无论在理论研究还是在实践应用上都具有一定的参考价值和指导意义。

笔者任职于江西理工大学，研究期间得到了国际竹藤中心栾军伟研究员的大力帮助与支持。

本专著得到国家自然科学基金资助项目(31760177)、江西省自然科学基金资助项目(20202BABL203025)、江西省青年井冈学者奖励计划、江西理工大学清江青年英才支持计划(JXUSTQJYX2018007)的资助。

在此，一并向以上为本研究及专著出版提供支持和帮助的单位及个人表示衷心的感谢。

由于时间所限和作者水平有限，书中难免存在不妥、疏漏之处，敬请广大读者批评指正。

董　伟

2020年10月

目录

Contents

第1章 绪论

1.1 研究背景和意义

1.1.1 离子型稀土矿土壤微生态研究

稀土元素，共有包括镧系至镥系的17种元素，由于其优异的光电磁等物理学特性，已被广泛应用于钢铁、石油、航空航天、新能源、新材料、电子信息等领域，有“工业维生素”“工业黄金”“新材料之母”等称号(Dong et al., 2019)。中国是稀土资源大国，北方有白云鄂博稀土宝藏，以轻稀土为主，而南方有离子型稀土矿藏，尤其是赣州，富含不可比拟和无法替代的中重稀土，中重稀土包括铕(Eu)、钆(Gd)、铽(Tb)、镝(Dy)、钬(Ho)、铒(Er)、铥(Tm)、镱(Yb)、镥(Lu)和钇(Y)等稀土元素(Das & Das, 2013)。赣南地区离子型稀土矿资源丰富，其中重稀土约占中国重稀土资源的80%，素有“稀土王国”的美誉，稀土矿的开采虽然为当地经济提供了可观的收益，但是对矿山周边的生态环境造成了一系列的环境和生态问题。

赣南离子型稀土矿开发历史悠久，早期的池浸与堆浸方式需要剥离稀土矿山表面土壤，最先遭到破坏的就是植被。虽然二十多年前开始改用原位浸矿的方式，大大减轻了对生态环境的破坏，但浸矿剂的使用依然会对矿区周围土壤及水体环境造成污染(Liang et al., 2018)。例如，浸矿剂硫酸铵等的使用会对矿山周围土壤和水体产生氨氮污染，氨氮污染严重的区域会有土壤板结、植物呼吸和水利用受阻的问题。稀土离子主要以两种形式存在，其中一种是它们附着在黏土矿物表面并在稀土中形成离子吸附型稀土矿床(Wang et al., 2010)。离子吸附型稀土矿提炼过程中产生的大量废水、废渣严重污染了矿区的土壤和水体，更为严重的是，研究发现土壤中重金属以及水体中的氨氮转化为亚硝氮会进入到食物链(罗才贵等, 2014)。这种从黏土矿物中分离出来的稀土离子进入人体食物链会被人体吸收，研究发现稀土摄入会损害人体健康，例如降低儿童智商，损害人的中枢神经系统，增加脑血管疾病的发病率等(Bernd Markert & Zhang, 1991)。

以氧化物形式存在的17种稀土元素(或称镧系元素系稀土类元素群)活跃于当今的工业市场上，不仅高科技产业对其依赖性越来越高，而且它们在国防上的应用也越来越受到重视。譬如制备高温超导体需要镧和钇元素，生产磁性材料需要含有铕和铈的化合物，某些稀土元素还可以用于生产激光晶体，同时也是很好的化学反应催化剂。但值得注意的是，人类对稀土元素的开发利用，如采矿、从矿石和矿物中提取金属的过程、金属冶炼和含金属化合物的制造过程都会导致金属元素(包括微量元素)的转移。并且随着含金属化石燃料作为能源的使用以及其在工业领域的广泛利用，这些稀土元素不断释放到生物圈中，被使用的数量越多，它们的痕迹数量就越多(McMahons et al.，2018)。此外，环境中的微量元素在大气和水的作用下也会长距离迁移和扩散，导致微量元素在环境中的广泛扩散(Hattab et al.，2014)。最新研究表明离子型稀土矿即使在停产整顿半年后，矿区小流域水体中以铵离子形式存在的氮高概率超标的现状仍然存在，表明水体受到周边稀土矿山尾矿的强烈影响(师艳丽等，2020)。

基于此，对离子型稀土矿山尾矿和污染矿区进行修复具有重要的现实意义，这是一个长期系统、客观动态的过程，需要研究者不断探索，优化修复治理技术。重金属污染土壤修复技术是指利用化学、物理和生物的方法，转移、吸收或者降解土壤中的重金属污染物，使污染物的浓度降低到一定水平，或将有毒有害的物质转化为无害物质，也包括污染物稳定化，减少其向周边环境的扩散(张乃明，2016)。污染土壤修复技术起源于 20 世纪 70 年代后期，至今仍然是我国重金属污染治理领域的主要研究内容。重金属污染土壤的化学技术发展最早，主要有淋洗技术、电动力学修复、修复药剂技术等；重金属污染土壤的物理修复技术是通过各种物理过程将重金属污染物从土壤中分离的过程，主要有固化－稳定化技术、蒸气浸提技术等。这两种技术修复周期较短、处理效率较高、可操作性强，但处理成本也较高，并且存在二次污染的风险，使植物难以正常生长(Marques et al.，2009)。

重金属污染土壤的生物修复方法是指利用动物、植物和微生物吸收降解、转化土壤中的污染物(郑黎明等，2017)，与其他两种修复方式相比，一方面它是一种更为环保的修复方式；另一方面，它是通过自然过程实现的，也是一种更为经济的修复技术。值得注意的是，生物修复也存在一些问题，主要包括：①微生物活性受温度和其他环境条件的影响；②特定的微生物只降解特定类型的化合物，化合物形态一旦变化就难以被原有的微生物酶系降解；③有些情况下，生物修复不能将污染物全部除去，因为当污染物浓度太低不足以维持一定数目的降解菌时，残余的污染物就会留在土壤中(文雅等，2020)。

程涵宇等基于文献计量分析得出目前土壤重金属污染修复研究的重点是植物修复与微生物修复(程涵宇等，2020)。植物修复属于原位修复技术，成本低，是一种不产生二次污染、具有美化环境功效、产生经济效益的绿色修复方法(石润等，2015)，目前已经在矿山土壤修复中开始广泛应用。植物修复技术通过在矿区种植超积累植物，使矿山土壤甚至表层水中的重金属等污染物可以通过根部固定，并转移到地上植物部分进行回收；同时，植物在生长过程中会产生各种有机化合物，能够改善矿区土壤性状及结构。更为重要的是，植物修复可以改善土壤微生物群落结构，增加稀土尾矿土壤的微生物多样性，从而进一步恢复矿区土壤生态功能（谢东等，2019）。

目前，赣南离子型稀土尾矿的修复方式主要采用先土壤修复后植物修复的方式，即在原有的尾矿，特别是尾砂上进行覆土或土壤改良后再种植植物，这种方式有利于植物的生长和存活，但目前对修复机理的研究相对薄弱，并不清楚植物修复对尾砂土壤改善的程度，以及根系微生物如何发挥作用改善土壤环境。因此，本研究以赣州龙南县某离子型稀土矿山为研究对象，通过研究对比单纯的植物修复与植物修复+改良土壤修复方式对稀土尾矿土壤理化性质、土壤微生物群落与功能以及土壤代谢组学的影响，分析植物修复对于离子型稀土尾矿土壤的修复程度，进而揭示植物修复影响离子型稀土尾矿土壤中微生物和代谢组的可能机理，从而为植物与微生物联合修复离子型稀土尾矿土壤提供数据支撑和理论依据。

1.1.2 竹林扩张土壤微生态研究

竹子在世界森林资源中占有相当重要的地位，被誉为“第二森林”，全球森林面积急剧下降，竹林面积却以每年3%的速度递增(国家林业局，2018)。竹类是禾本科竹亚科中的木本植物的总称，种类很多，全世界约有78属1400多种，竹林总面积为1400万公顷左右，在热带、亚热带及温带地区分布较为广泛，主要分布在亚洲地区(Kleinhenz et al.，2009；邢新婷，2006；Lobovikov et al.，2007)。中国是世界竹类植物的起源和分布中心地区之一，素有“竹子王国”“世界竹业大国”之称。中国是世界上竹类资源最为丰富的国家，有竹类植物39属，870多种，占全球竹种的50%以上；竹林面积641.16万公顷，居世界第一位(国家林业和草原局，2019)。此外，中国还是开发和利用竹资源历史最为悠久的国家之一，目前竹制品产量和出口量均居世界第一，竹加工技术和竹产品创新能力处于世界先进水平。

竹子属单子叶植物中的禾本科、竹亚科植物，分布广、适应性强，生长速度极快，繁殖力旺盛，大部分竹类为无性繁殖，可通过地下根茎扩张进行繁殖(Gratani et al.，2008)。竹子是我国一种重要的速生森林资源，生长周期短，一般竹子种植可以1年栽种成活，2~3年成林，4~5年成材，可连续收益60年以上(丁礼萍，2019)。竹子生长和可持续经营的特点成就了竹资源的广泛开发利用，依据《全国竹产业发展规划(2013—2020)》，2020年我国竹产业总产值达到3000亿元，竹产业就业人数达到1002万人，竹区农民竹业收入占农民人均纯收入的

20%以上。竹资源的开发利用主要包括：原竹的直接利用（如竹工艺品等）、食品饮料（如竹笋、竹汁）、竹材加工（如竹板材、竹浆造纸等）（窦营等，2011）。我国已经成为全球最大的竹产品出口国，2013—2018年竹藤产品的出口额保持快速增长，年均增长率均在6.7%～11%，中国竹藤产品占全球竹藤产品贸易出口总额的三分之二以上（滕凤英，2020）。

值得一提的是，竹资源可以作为一种潜在的生物质能源植物，在生产生物乙醇和发电方面具有广阔的前景（Scurlock et al.，2000；Anselmo & Badr，2004）。竹资源加工、利用后产生的竹废弃物可进行二次回收利用，再加工为肥料、饲料、竹炭、竹醋液等，保证了竹废弃物的资源化循环利用（辜夕容等，2016）。此外，竹子还有调节生态环境的潜能。竹类复杂的地下根茎、根系有较高的利用价值，可用于防治水土流失，提高土壤固碳量（Zhou et al.，2008）。

由于竹资源的广泛用途及其带来的巨大经济效益，竹类在全球范围内被广泛种植和引进（Xu et al.，2008），导致大多数国家引进外来竹种，譬如中国现有的510余种竹种中就有10余种为引进种（邢新婷，2006）。竹类品种的大量引进和大面积的种植造成过去20年竹林占地面积的显著增加，其中我国竹林面积从2004年到2013年的10年间增加了14.5%（Peng et al.，2013）。目前各地竹林面积发生了巨大变化，表现出明显的扩张趋势，主要原因有三个：一是竹林具有生长快速、繁殖力强、形态多样、集团协同等内禀优势特点；二是竹林会通过遮光、机械损伤、凋落物抑制、养分竞争与化感作用等直接或间接的竞争方式排斥其他植物；三是由于经济效益较高，经营管理人员不会限制其生长和扩张（丁礼萍，2019，Luan et al，2020）。例如，中国浙江省天目山自然保护区在大约50年间使毛竹林向外扩张超过25米，林地面积增加了20多公顷（Bai et al.，2016A；Bai et al.，2016B）。竹林扩张现象同样发生在国内其他省份，造成林地生态功能紊乱、生物多样性破坏等负面影响。竹林扩张不仅会影响地上部分植被和动物的多样性，还会影响林地土壤的性质和地下土壤生物的多样性，如竹林扩张会导致土壤含水量、孔隙度上升等，对土壤有机质、有效磷、有效钾等均产生影响（吴家森，2008）。与此同时，竹林扩张会给邻近的生态系统造成威胁，影响邻近生态系统的群落组成与结构、动植物种类多样性、土壤理化性质、微生物组成，降低其生态系统功能（白尚斌等，2013；王秀云等，2019）。竹林扩张引发的生态问题已经引起政府、生态学与林学研究者的广泛关注。

综上所述，土壤微生物在陆地生态系统生物地球化学循环过程中扮演重要角色，是陆地生态系统养分及关键元素循环的驱动者。土壤微生物群落结构及功能受人为活动、环境等因素影响，同时也与植被组成及其变化息息相关。竹林扩张会影响本地植物、动物甚至微生物的生长、繁殖，导致物种多样性下降，生态系统功能降低，严重的甚至导致林地生态退化、破坏环境。因此，本研究以浙江省庙山坞自然保护区的林地土壤为研究对象，研究土壤微生物结构与功能变化及其与植被动态的关系，为环境生态修复工程等提供理论依据；研究竹林扩张现象，并对其可能的机理进行解析，为竹林的有效管理、生态环境保护提供科学依据和指导意见。

1.2 研究现状

1.2.1 离子型稀土矿土壤微生态研究现状

1.2.1.1 赣南离子型稀土矿开采问题及对生态的影响

稀土元素是镧系稀土元素群的总称，包括钇(Y)、钪(Sc)和镧系元素镧(La)、铈(Ce)、镨(Pr)、钕(Nd)、钷(Pm)、钐(Sm)、铕(Eu)、钆(Gd)、铽(Tb)、镝(Dy)、钬(Ho)、铒(Er)、铥(Tm)、镱(Yb)和镥(Lu)等17种元素。但值得注意的是，并不是所有的稀土都是非常“稀有”的，在花岗岩、伟晶岩、片麻岩和相关的普通岩石中，它们会以各种形式广泛地分布在辅助矿物中(Greenwood & Earnshaw, 1984)。例如，铈的丰度几乎与环境中铜和锌等许多其他金属元素相同(Hannington et al., 2011)。

离子型稀土又称风化壳淋积型稀土，最早于1969年在江西省赣州市龙南县足洞地区发现，后来相继在赣南其他地区、福建、湖南等地发现了离子型稀土矿，因其中重稀土含量较高，具有重要的工业价值，引起了世界范围的重视，采矿需求也随之增加。根据《中国的稀土状况与政策》白皮书，2012年中国的稀土储量约占世界总储量的23%，却承担了当时世界90%以上的市场供应，为全球经济发展做出了重要贡献(中国政府网, 2012)。急剧增长的出口量引发了稀土企业的非法盗采和恶性竞争，一方面被发达国家的厂商所利用，导致稀土价格的“白菜价”，另一方面带来了资源过度开发、生态环境破坏等问题，严重制约了行业的持续发展。

中国南方地区离子型稀土矿的开采经历了“两代、三种工艺”，第一代是池浸、堆浸两种工艺，第二代是原位浸采工艺(汤洵等, 1997)。池浸、堆浸工艺始于20世纪70年代末，这两种工艺又称为“搬山运动”，每吨稀土留下的废弃矿渣约为2000 m^3，由于其严重破坏当地的生态环境，2007年江西已全面禁止采用池浸、堆浸工艺(廖海清, 2018)。原位浸采技术开始于20世纪90年代，是目前赣州离子型稀土矿主要采用的开发利用工艺。这种工艺与池浸、堆浸工艺相比具有不开挖山体、不产生尾砂等优点，被认为是离子型稀土现有的较为环保的一种开采模式。但是利用此工艺开采时，需要在矿山挖浅槽、注液井和集液沟，因此地表植被仍会遭到破坏(罗才贵等, 2014)。与此同时，由于浸矿剂硫酸铵的长期灌注使用，离子交换剂中的氨氮不断向周围土壤及水体渗透，对植被的根系、生长发育造成严重损伤，进而导致植被丧失根系固土保水能力，因此加重了山体滑坡和水土流失的风险，并造成地下水污染严重（杨帅，2015）。

在生物系统中，稀土元素与植物、土壤、微生物和动物之间存在着许多相互作用。有研究表明，土壤中含有少量稀土元素可以促进多种作物的生长，进而提高作物的生产力（Cirql Pty Ltd.，2008）。这些稀土元素在种子生长或增加作物生物量方面有广泛应用（Meeker et al.，2008）。近年来，有关稀土元素的植物生理效应的作用机制和生态生理机制已经受到学者们的广泛关注。越来越多的研究发现，稀土元素在各行各业中的广泛使用，特别是在农业领域和稀土矿的开采中，会给生态环境和人体健康造成危害（Oliveira et al.，2014；Rui et al.，2015）。

种植作物时，大多数用作种子敷料或喷雾的肥料会进入土壤中，由于肥料中的稀土元素具有较高的溶解度和反应性，因此对环境的影响更大（Germund Tyler，2004）。此外，生产和使用磷肥时同样会将稀土元素释放到土壤中，土壤表层稀土总量会有所升高（Volokh et al.，1990）。从目前的研究来看，尽管与这些元素的生态毒性相比，它们在土壤中的含量和浓度通常都太低，并且稀土污染并未引起任何大规模的环境污染事件，但是，在已开挖或正在收集的稀土矿中，土壤中稀土元素的含量明显高于国家标准（Yamada et al.，2009），在强碱性源区附近，土壤或水中的稀土离子的浓度可能局部达到不利水平，危害当地人的身体健康（Shirazi et al.，2017）。

虽然稀土广泛应用于农田土壤改良，但关于稀土元素对土壤微生物影响的研究较少（Aquino et al.，2009）。以往的研究表明，稀土元素既可以与细菌外表面结合，又可以进入细胞质，但进入细胞质的稀土元素含量较少（Bayer & Bayer，1991；Merroun et al.，2003）。Ruming 等人报道了镧对大肠杆菌的刺激作用，400 mg/mL的镧对大肠杆菌的刺激作用大于对其的抑制作用（Ruming et al.，2000）。此外，他们还观察到300 mg/mL 的铈对大肠杆菌有刺激作用，400 mg/mL以上的铈对大肠杆菌有抑制作用（Ruming et al.，2002）。Wen 发现当镧的浓度降到50～150 mg/mL 时，大肠杆菌的新陈代谢会受到轻微的刺激（Li et al.，2003）。Peng 等人提出大肠杆菌暴露于镧（400 mg/mL）对细胞造成伤害的原因可能是镧和钙离子半径非常接近，配体特异性相似，导致镧取代钙到结合部位，从而影响了细胞膜的形成（Peng et al.，2004）；Peng 等人还发现，在镧和钙离子被置换后，大肠杆菌的细胞通透性增加，能够更好地吸收养分，从而在低镧浓度下产生刺激作用，但在较高镧浓度下镧是有毒的，会对大肠杆菌的生长起到抑制作用（Peng et al.，2006）。除了稀土元素对细菌生长有影响外，研究人员还发现某些细菌甚至芽孢能够高效吸附稀土离子，因此可以从稀土环境去除或者回收稀土离子（Dong et al.，2019）。

此外，研究人员还开展了关于稀土元素对真菌培养影响的研究。例如，Aruguete 等人发现伞菌目真菌可以积累镧、铈和钕等稀土元素(Aruguete et al.，1998)。Gao 等人首次证明了稀土元素会被真菌细胞吸收(Gao et al.，2003)，因此镧系元素与其他元素作为肥料的广泛使用，或含有稀土元素的废物进入土壤，不仅会造成土壤污染，而且会影响包括 Trichoderma 在内的各种真菌的生长。d'Aquino 等人利用许多生长介质来研究真菌对稀土元素富集的影响以及稀土元素对有益真菌和土传真菌的影响(d'Aquino et al.，2004)，但是有关稀土对真菌的结构(如质膜、细胞壁和表面)影响的研究仍然不多。

在培养基中添加镧或者稀土元素混合物进行真菌培养的实验结果表明，真菌对稀土元素的耐受性总体较好，在真菌生长环境中加入适当浓度的稀土元素对其生长有一定的促进作用。在 *Trichoderma harzianum* T22 中，稀土混合物的影响比单独的稀土影响作用更强，这说明不同的稀土组合、不同比例或不同稀土与真菌的相互作用是不同的(Aquino et al.，2009)。然而，在相同条件下，T. atroviride P1 的稀土积累量高于 *T. harzianum* T22，表明稀土的促生作用与真菌生物量中稀土的积累量没有直接关系，由此说明真菌可以选择性地吸收部分稀土元素。上述研究成果可以指导我们在处理高浓度稀土的土壤时，利用 Trichoderma 的这一特性来去除生长介质中的大量稀土离子，这些元素会被阻挡在外部真菌基质中。细胞外基质能够起到化学－物理屏障的作用，阻止细胞吸收环境中的稀土元素，从而避免发育中的真菌结构过度暴露于潜在的有毒元素中。然而，在真菌细胞质中检测到稀土元素的存在，表明稀土元素可以穿过活的 Trichoderma 细胞的细胞壁和细胞膜到达细胞质。因此，通过研究细菌和真菌等微生物对不同稀土离子的去除能力，可以将微生物这一特点应用于稀土污染的环境中，与其他方法结合进行稀土离子的回收及环境修复等。

1.2.1.2 植物修复技术

在人类与矿物相关的活动中，对于包括稀土元素在内的所有矿物，人类活动都会导致金属元素向周围环境迁移，稀土元素污染是最严重的金属元素污染之一。土壤生物修复技术是指利用植物、动物和微生物等生物体吸收、降解和转化土壤污染中的污染物，将污染物浓度降低到可接受的水平，或将有毒有害污染物转化为无毒无害物质，减少其向周围环境的扩散，达到土壤环境管理的目的(丁爱芳，2008)。植物修复可用于对土壤中重金属污染的修复，而微生物修复可用于对土壤中有机物污染的修复，因此稀土污染土壤的生物修复可以通过植物的单独作用、微生物的单独作用以及微生物－植物联合作用的方式来实现。植物修复技术是利用植物能够耐受、分解和(或)积累某种或某些化学元素(包括重金属元素)的特性来进行土壤改良。目前，植物修复技术已广泛应用于重金属污染环境、矿山生态环境治理，主要是发挥根际环境在土壤污染中植物修复的作用(张艳，2014)。

根据植物修复的作用机理和修复过程，利用超积累植物修复重金属污染土壤主要可以分为三种类型：植物固定、植物挥发、植物提取（图 1－1）（谢东等，2019）。植物固定是指植物或者其根际微生物通过分泌出特殊的物质，将土壤中的重金属、类金属及有机污染物固定或沉淀到植物根系或其他部位，然后收获植物以减少污染物的生物有效性和移动性，从而减少其对环境的污染。植物挥发是指植物通过根系将污染土壤中的重金属、类金属及有机污染物吸收到体内，转化为无毒或毒性较小气体，并使其挥发到大气中，从而降低土壤中的污染物浓度，此方法主要针对硒与汞元素污染的修复。植物提取是指利用耐受极端环境的植物富集并转移土壤中的重金属、类金属及有机污染物，并逐渐清除环境中污染物的方法，该方法是目前最为清洁的环境污染处理技术之一。

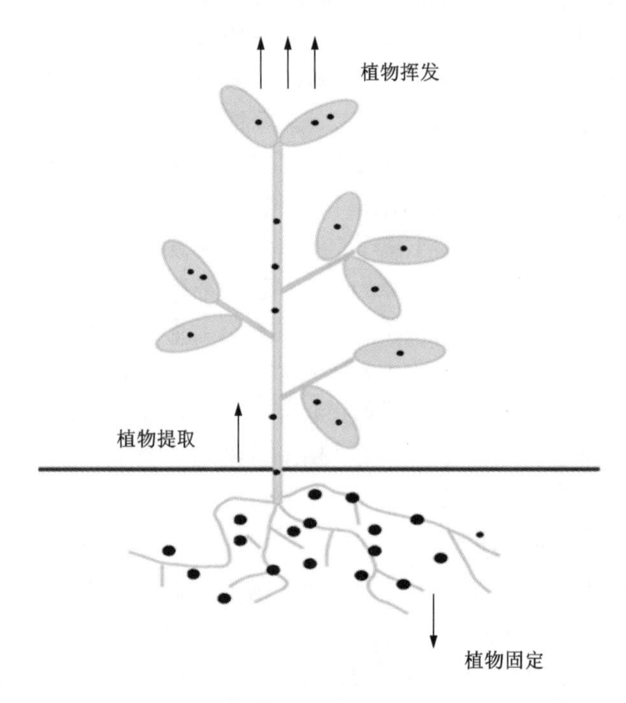

图 1－1　重金属污染土壤的植物修复种类

当污染物的覆盖范围很广，且污染物存在于植物根系能够到达的区域时，植物修复方法更为合适（Garbisu & Alkorta，2003）。稀土污染土壤的修复可以通过多种植物修复机制来实现。植物提取和植物固定是植物修复重金属污染土壤的两种常见形式，也适用于稀土污染土壤。一方面，耐稀土植物的根可以提取或固定土壤中的稀土。另一方面，植物收获后可以进一步提取和浓缩污染物。用于植物修复的植物一般可以满足修复的所有条件：①用于修复的植物可以快速生长，从而能够应用于污染更严重的地区；②大量的生物量可以确保污染物的萃取量；③广泛的根系可以更紧密地暴露在污染物中；④对大量稀土元素具有耐受性，这些植物对高浓度稀土元素的耐受可以使稀土元素在植物体内被吸收（Marque et al.，2009）。

研究发现，稀土元素通常与几种元素结合形成磷酸盐矿物、碳酸盐矿物和硅酸盐矿物等，它们分散在岩层中（Alex et al.，1998）。研究发现，可以从土壤转移到植物体内的稀土元素数量通常很少，但少数植物如几种蕨类中，都发现了高浓度的稀土元素，而且根中的稀土元素含量通常高于芽中的含量。在一些研究中，一定水平的稀土元素可能有利于植物的生长和生产力，但其生理机制尚不清楚，因此其响应的生理和生态机制在近年来受到学者的关注。

在维管植物的地上部分，大多数元素的实测浓度通常很低。由于稀土在植物根系周围的斑块中不易分离，很难区分植物中的稀土含量，也很难在维管植物器官中传达出任何“典型”的稀土含量变化。据悉，许多蔬菜，如甘蓝（*Brassica oleracea* var. Capitata），具有很低的稀土元素浓度（Bibak et al.，1999）。与这一现象相反的是，一些蕨类植物可以有效地吸收和储存稀土元素。在一项研究中，研究者发现包括鳞翅目、天竺葵、铁线蕨类和双翅目在内的9种蕨类植物有很强的镧系元素中的镧和铈的积累（Ozaki et al.，2000）。与其他维管束植物相比，蕨类植物生物量中稀土元素的含量很高，但与其他重金属元素相比，稀土吸附量仍然较少（Xiong et al.，2000）。稀土元素在维管束植物根、茎和叶中的分布差异很大，根中的浓度通常高于其他植物器官，这可能是因为根很难通过生理作用将稀土元素转移到其他器官。在添加镧的培养液中，种植的玉米根和绿豆根中镧的含量大约是芽中镧含量的20150倍（Diatloff et al.，1995a）。Tyler和Olsson（2001b）在土壤培养中进行了Agrostis的生长和培养实验，检测到洗根之后根和茎中稀土元素的比例也是相同的。许多研究表明，在玉米、小麦、水稻和辣椒等不同作物中，不同器官中的稀土元素浓度不同，降序排列为：根 > 叶 > 茎 > 果（Cao et al.，2000a；Li et al.，1998；Wen et al.，2001；Xu et al.，2002）。在柑橘等树木中也发现了稀土元素（Wutscher & Perkins，1993），除了倾向于集中在树皮中的铈外，根中的稀土元素浓度通常是最高的（Nakanishi et al.，1997）。一般来说，植物根系对土壤中稀土元素的吸收速率远远高于从根到地上部分的转移速率（Hu et al.，2002）。此外，不同物种对稀土元素的吸收也存在很大差异。

大量研究表明，在作物上施用适当剂量的稀土元素可以促进作物生长和提高产量，并帮助作物抵御恶劣的生长环境（Xu et al.，2003）。有益的效果可能是这些稀土元素可以刺激植物吸收养分或增加植物中叶绿素的合成（Emmanuel et al.，2010）。因此，许多中国农学家越来越多地使用含稀土的肥料（Wen et al.，2000）。有早期证据表明，植物可以吸收喷在叶表面的稀土离子，但更多的是通过根吸收(Sun et al., 1994)。植物组织中稀土元素的浓度因植物类型及其生长环境的不同而有很大差异(Liang et al., 2005; Wyttenbach et al., 1998)。生长在高稀土含量土壤中的植物通常被检测到浓度很高(Midula et al., 2017)。有大量关于稀土在各种植物组织中分布的报道(Bei et al., 2001; Miao et al., 2011; Sanjay et al., 2019)。此外,还有一些关于少量稀土元素肥料覆盖的大田作物中稀土元素分布的研究(Shih-ming et al., 2006; Zeremski-Skric et al., 2010)。然而,低剂量和高剂量稀土在作物上的累积效应是不同的。通过一些盆栽实验,在土壤中加入稀土元素后,大部分轻稀土和钆在植株顶端的浓度远大于根部,因此轻稀土会从植株根部转移到植株顶端,增加顶端稀土元素的含量,特别是在施用少量稀土的情况下(Qi, 2000; Khan et al., 2017)。同时,可以观察到一些稀土对植物产生了毒害作用。在 Marque 等人的研究中,虽然叶片处理不影响叶绿素含量、株高、叶数、荚数、每荚种子数和平均粒重,但在扫描电子显微镜下观察到,叶片受到了破坏,并且叶片病害与叶片表面铈、镧的积累呈正相关(Marque et al., 2019)。还观察到,在最高剂量下,玉米根和植物表皮的干重减少(Ichihashi et al., 1992)。其他研究表明,植物对稀土的不利影响有一种自我保护机制,这将限制植物根系吸收稀土的能力,并减少稀土从根向植物顶部的迁移和运输(Chen et al., 2015)。随着玉米和绿豆的生长,施用的稀土浓度增加,植物生长、根系功能和营养状况受到抑制(Eugene et al., 2008)。据报道,植物中高浓度的稀土元素能有效提高细胞膜的通透性,破坏细胞膜的生理功能(Xuanbo et al., 2015)。使用富稀土化肥和含稀土废弃物会污染土壤,造成稀土元素在土壤中的积累。目前有许多关于氮和镧系元素的联合效应的研究,结果表明稀土元素在土壤中的总体流动性较低,并可能会在土壤中积累(Xu et al., 2001; Cao et al., 2000; Zhang & Shan, 2001)。在土壤中加入富含稀土的肥料或发生污染后,经过长时间的积累,土壤表面稀土元素的总浓度高达 100 ~ 200 mg/kg (Liang et al., 2005; Wyttenbach et al., 1996)。当土壤中施用含稀土的肥料时,植株的地下和地上部分也表现出稀土元素积累(Xu et al., 2002)。还有研究报道了镧、铈和钕在林地的外生菌根真菌果胶红菇(*Russula pectinatoides*)中的积累(Aruguete et al., 1998)。

众所周知,土壤中过量的重金属元素,即远高于生物体使用的浓度,会对植物产生毒害作用和其他一些负面影响。稀土元素又称稀土金属,是元素周期表ⅢB族中钪、钇、镧系 17 种元素的总称,属于重金属元素,因此当稀土元素的浓度增加时,就会对植物产生有害影响。正是基于此原因,当用植物提取物修复受稀土元素污染的土壤时,不仅要考虑植物对含稀土环境的适应性,而且要考虑稀土本身的溶解性和有效性(Blaylock & Huang, 2000)。

重金属元素对健康的危害性早已明确,稀土元素同属重金属离子,具有环境积累性和生物富集性。植物会积累稀土元素,一旦通过食物链进入人体,就会对人体健康产生危害，因为稀土元素为人体非必需微量元素。随着人民生活水平的提高，人们会越发重视食品安全问题，食品中稀土浓度也越来越受到人们的关注。由于稀土矿早期开采作业中没有进行的土壤修复工作以及稀土在工业、制造业和农业等领域日益广泛的使用，如果不重视和推动稀土资源绿色可持续开发利用，那么必然会造成严重的环境污染，给人们身体健康和生存环境带来巨大危胁(Xu et al.，2012)。

1.2.1.3 植物修复对尾矿土壤微生态的影响

与正常土壤相比，稀土尾矿的土壤性质已经发生了显著改变。离子型稀土尾矿与其他重金属污染矿区类似，矿区土壤存在着诸多问题，主要包括土壤营养匮乏、重金属含量高、生物量低、酸度较强(晏闻博，2015)。根系土壤的改良效果通常通过分析土壤因子来评判，常用的评判指标包括土壤养分、土壤酶活和微生物量，其中土壤性质中的土壤养分和土壤酶活等是反映土壤肥力的核心评价指标。通过比较尾矿开采前后土壤性状，在后续土壤修复过程中复原某些土壤因子，达到生态恢复的目的。

土壤养分是指土壤中提供植物、土壤微生物和土壤动物生长所需的矿物质和营养物质等，因此对稀土尾矿土壤养分的测定，一定程度上有助于为生态修复提供数据参考。例如，研究人员检测福建长汀稀土尾矿的理化性质后，发现了土壤中有效磷和有效钾的含量比正常土壤的含量显著偏低，由此建议后续土壤修复中添加一定的磷肥和钾肥(简丽华，2013)。对寻乌稀土尾矿土壤进行理化分析的结果表明，土壤呈弱酸性，并且土壤的有机质、速效氮和速效钾比正常土壤含量水平显著降低，因此建议在利用植物修复方式之前，先对尾矿进行土壤改良(刘建业等，1991)。

土壤酶是存在于土壤中的能够催化生化反应的酶类，多是由土壤中微生物、动物和植物根系分泌而产生的生物活性物质(Gao et al.，2010)。土壤酶在土壤中发挥重要作用，参与发生在土壤中的作为介质的相关生命活动，例如土壤中养分的形成与释放、有机质和腐殖质的代谢等(方晰等，2009)。土壤酶活是累积在土壤中所有酶的活性，参与土壤中的生物化学过程，因此土壤酶的活性可以间接地反映土壤物质和能量转化的过程，如通过测定土壤蔗糖酶活性可以了解土壤呼吸的强度，而土壤脲酶活性则可以反映有机氮在土壤中的转化(王学锋等，2014)。对于稀土尾矿土壤中的土壤酶活而言，大多研究表明其活性均显著低于正常土壤的酶活(陈熙等，2009)。通过分析植被自恢复后的土壤因子，研究人员分析了定南县稀土矿尾砂植被恢复的障碍因子，发现稀土尾砂地的土壤脲酶活性和酸性磷酸酶活性均显著低于周边正常植被区的土壤酶活(刘文深等，2015)。对赣县稀土尾矿土壤酶活的研究结果也表明土壤蔗糖酶和磷酸酶均低于周围正常土壤酶活，同样说明了稀土尾矿土壤相对于普通土壤土质更加贫瘠、土壤中生命活动不旺盛

(Wei et al. , 2019)。

土壤微生物是指土壤中含有的所有微小生物，主要包括真核微生物、原核微生物和无细胞结构的分子生物和病毒等(弋嘉喜等，2018)。它们数量巨大、种类繁多，每克土壤中大约含有数十亿个微生物(朱菲莹等，2017)。土壤微生物在土壤物质循环、养分转换、环境污染物净化、生态平衡调节中发挥着重要作用(李昕升，2014)，因此研究土壤微生物可以了解土壤生态的变化。稀土尾矿修复在后续阶段常采用植被固定等修复技术，植被的种类常选用本地优势超积累植被。例如，对龙南县稀土尾矿区耐性植物的调查发现，优势植被为禾本科植物，主要有狗牙根、百喜草、芒草、巴茅、芒基、桉树和松树，对土壤中的稀土元素有较强的抗胁迫能力(曾晨园，2016)；对广东省某稀土矿区的调查发现，优势植被主要是马唐草和望江南，它们能够超富集重金属锌和锰(刘胜洪等，2014)。

对污染土壤进行植物修复要达成的最终目的是，形成有利于植物、土壤及周围环境生态系统的循环，实现这一目标的首要任务是要改善植物根际土壤的微生态环境。通过盆栽试验对两耳草进行胁迫因子分析，研究人员发现稀土矿土壤中的有机质、肥力和水分是稀土场植物生长的主要胁迫因子，与此同时，植物修复在一定程度上对土壤性质有所改良(杨妙贤等，2014)。另有研究发现赣南稀土尾矿不同植物修复对土壤因子有明显的改善，其中桉树的根际效应最大(季佳璨，2015)。鲁向晖等人研究了3～4年生桉树纯林的植被修复对寻乌县稀土矿区尾砂地土壤pH及有效养分变化的影响，结果发现桉树修复可有效改善稀土矿区尾砂的pH和养分含量，因此可作为该区植被修复的适宜树种(鲁向晖等，2014)。值得注意的是，对土壤污染进行单纯的植物修复，植物不但不易生长，而且对土壤性质改良缓慢，因此在采用桉树修复的同时，可以向土壤中添加秸秆、肥料等以加快植物修复的速度。通过添加肥料对稀土尾矿进行有机质及植物修复，分析修复前后的土壤理化性质发现，稀土尾矿土壤的有机质、有效磷和有效钾水平均有增加，说明土壤得到了修复(Zhou et al. , 2015)。具体来说，与未开采过的稀土矿山进行对比，经过两年的恢复后土壤养分的差异逐渐减小，特别是表层土，这表明表层土壤的恢复结果优于深层土壤；经过五年的恢复，表层及20～40 cm深的土壤养分与未开采红土相似，表明添加肥料不仅能提高土壤持水能力和肥力，而且能改善土壤颗粒结构，提升水分渗透能力、透气性和阳离子交换能力，并有利于植物修复的进行。

影响土壤微生物多样性的因素可以分为两类，一是客观环境因素，主要包括温度、水分、土壤类型、植被种类等，二是主观人为因素，主要包括土壤管理方式、土地利用方式和环境污染等(林先贵等，2008)。稀土尾矿属于后者，因此需要进行土壤修复。在土壤改良过程中，起到关键作用的是土壤微生物，它们作为土壤生态系统中的重要组成部分，直接参与植物根系与土壤间营养物质及能量的流通(Wardle et al., 2004)。

离子型稀土尾矿植物修复土壤微生物组学研究方面，研究人员利用相关序列扩增多态性分析得出稀土矿植物修复后细菌 DNA 多态性明显增加(李兆龙等, 2019)。还有研究利用变性凝胶梯度电泳技术分析了不同植被修复下土壤微生物群落结构对植被修复的响应，发现湿地松和山胡椒修复后稀土尾矿土壤微生物群落结构发生了明显改善，土壤微生物群落的环境影响因子则转变为含水量、有机质、有机碳及总磷含量，揭示了微生物在植被修复过程中所起到的重要作用(陈熙等, 2019)。然而，现阶段植物修复过程中根际土壤微生物的生态功能及微生物调控机理尚不明确，笔者利用组学技术开展了离子型稀土尾矿不同修复植物对根际土壤微生态影响的机理研究。

1.2.1.4 植物与微生物联合修复重稀土污染土壤

采矿活动会造成严重的环境污染和生态问题，主要是由于大量的化学元素可以释放到周围环境中。重金属是矿区的主要污染物，对当地生态环境构成重大威胁。使土壤环境更有利于土壤微生物的生存和繁殖是生物修复污染土壤的一种策略。在这一策略中，微生物的生物刺激需要添加化肥或其他有机物作为养分，这些养分可以作为土壤中微生物的碳源和氮源。这些从外界添加的营养物质大大提高了环境中的营养比例，从而促进了微生物的生长和活性，修复效率也相应提高。

生物刺激通常用于修复含有有机污染物的土壤(Abiye, 2011)，研究发现它在修复受重金属污染的土壤方面同样有很好的效果。土壤中的多种微生物对重金属离子和稀土离子有很强的吸附能力(Andres et al., 2000)。稀土和磷酸盐形成的矿物、植物根系和微生物都能促进草酸/草酸盐的形成，草酸既可以在弱酸性条件下与稀土元素产生反应，也可以在土壤溶液中产生反应，即矿物配合物表面的铁载体将稀土离子释放到土壤溶液中，然后被植物或微生物细胞吸收(Schijf & Byrne, 2001)。在一项研究中，土壤细菌节杆菌(*arthrobacter* sp.)对稀土元素的吸收从钬到镥显著增加(Brantley et al., 2001)。微生物将凋落物分解为有机化合物的过程对稀土在土壤中的行为起着非常重要的作用。单位干重的土壤有机质有许多带负电荷的基团，具有很强的吸附或螯合二价和三价阳离子的能力，使得高有机质含量的土壤更容易提取稀土(Wu et al., 2001a)。在富含有机质的土壤系统中，可溶性有机碳的数量和比例严重影响稀土元素的迁移。稀土(铽、镱和钆)与腐殖质的配合物在中等碱性条件下是稳定的(Dong et al., 2002)。基于上述研究，加强细菌群落的设计能够使稀土污染场地的细菌群落的作用更加明显。

微生物和植物的联合土壤污染修复要优于单一微生物或植物修复，从而更快、更有效地清理受污染的地点(Weyens et al., 2009)。菌根组合增加了植物的养分和水分通道，为植物生长提供了稳定的土壤环境，并增加了植物对各种恶劣环境的抵抗力，如病虫害、干旱、疾病等，这有助于植物在受污染的土壤中生长和生存，从而有助于修复土壤污染(Chibuike et al., 2013)。此外，研究表明某些菌根真菌对污染物更敏感，接种菌根真菌可以有效地降低镧的毒性(Weissenhorn et al., 1996)。利用丛枝菌根真菌可以与80%的陆生植物根器官建立共生关系的特点(Smith et al., 2008)，可以建立更完整的矿山恢复模型。耐性植物根系和菌根真菌之间的共生关系改变了孔隙结构，增加了团聚体的稳定性，这有利于土壤结构的形成(Lupwayi et al., 2010)。菌根真菌还可以促进植物生长，主要是通过增加水分和养分的吸收，尤其是对磷的吸收，提高植物对各种胁迫因素如重金属、干旱和盐等的耐受性(Chaudhry et al., 2015)。除了菌根真菌，其他一些微生物也可以与植物合作修复被稀土污染的土壤，这些微生物大多属于根际促生细菌，它们通常存在于根际，可以促进生长激素、铁载体、吲哚乙酸等的生产(Ashrafuzzaman et al., 2009)。

微生物和植物对稀土元素的影响已取得一定的研究进展。在含有不同浓度镧的云南红豆杉细胞中，三价镧离子刺激紫杉醇产生的量是不同的(Wu et al., 2001)。Guo等人的盆栽实验表明，菌根真菌与植物成功建立了共生关系，接种菌根真菌可以显著降低植物地上部分和根部的稀土含量，降低稀土和重金属对植物的毒害效应(Guo et al., 2013)。草莓果实中钴、铷、锶、铯和钯等元素的含量变化在不同处理方式下会有显著差异，这些差异主要是由于接种真菌引起的，接种真菌的草莓果实中钴和钯元素的含量明显高于未接种的草莓果实(Ravneet et al., 2009)。另一项研究发现，瑞典南部Podzol酸性森林的山毛榉(Fagus Sylvatica)体外根尖的轻稀土和中稀土元素浓度降低(Tyler, 2004b)。真菌菌丝和植物根系都分泌低分子量的有机酸，促进稀土矿物的风化和溶解(Muhammad et al., 2011)。Morrison等人比较了不同浓度稀土对酵母己糖激酶的相对影响，发现Ln - A - TP配合物对酶催化的反应有抑制作用，且抑制程度随稀土离子尺寸的减小而增大，远大于二价镁和锰离子(Morrison et al., 1983)。

综上所述，虽然土壤、微生物和植物根系(如菌根)之间的相互作用对稀土元素污染治理的利用知之甚少。然而，三者都是土壤生态维护与健康的重要组成部分，探索三者之间的相互作用对农业和矿业的发展具有长远的意义。将修复后的场地用于作物生产是最合适的，因为这是一种非破坏性的土壤修复方法。与使用单一的微生物进行修复相比，利用植物和微生物联合修复是一种更有效的离子型稀土尾矿土壤修复方法。

1.2.2 竹林扩张土壤微生态研究现状

1.2.2.1 植物扩张对土壤微生物的影响

土壤微生物因其丰富的群落结构和多样性在生态系统中具有举足轻重的作用，是陆地生态系统中最为活跃的组分之一，它们通过分解土壤中的有机质、同化无机养分来驱动土壤的营养传递，在陆地生态系统的物质和能量循环中起重要作用。有研究表明，外来植物通过与本地植物竞争抑制本地植物的生长，这种入侵过程会造成环境内地上部分植物群落结构和多样性发生改变，同时造成地下土壤微生物群落结构、数量和生理功能的改变，进而破坏本地植物与土壤在长期演化过程中所形成的平衡共生关系，并进一步影响本地物种的营养获取、生长繁殖和种群更新，从而使自身在竞争中获得更大的优势，最终成功入侵(Weidenhamer & Callaway, 2010)。

外来植物入侵已经成为一个全球性的重要问题，对土壤微生物群落结构和多样性的影响引起了研究人员的关注与重视。Si 等人通过研究南美蟛蜞菊入侵强度与其根际土壤微生物群落结构之间的关系发现，南美蟛蜞菊入侵强度的增加能够引起其根际土壤真菌群落丰度显著提高，对参与土壤氮循环的微生物群落结构产生了明显影响(Si et al., 2013)。Kourtev 等人发现美国新泽西州的两种外来植物日本小檗和柔枝莠竹显著改变了土壤微生物的群落结构，特别是指示细菌与丛枝菌根菌的脂肪酸含量因入侵强度的增加而显著增加(Kourtev et al., 2003)。Batten 等人研究了黄矢车菊和钩刺山羊草两种外来植物入侵与土壤微生物群落结构的关系，结果发现它们的入侵显著提高了指示硫还原细菌、硫氧化细菌的脂肪酸含量(Batten et al., 2006)，国内学者对紫茎泽兰和薇甘菊入侵的研究也得到了类似结论(李会娜 等, 2011)。Duda 等人和 Li 等人的研究表明，盐生草和薇甘菊入侵均显著提高了土壤微生物群落的功能多样性(Duda et al., 2003; Li et al., 2007)。更重要的是，一种外来植物成功入侵后会创造一个利于其他外来植物入侵的土壤微环境，这将有利于提高其他外来植物入侵的成功率，使得同一生态系统面临遭受两种甚至更多丰富度外来植物入侵的可能(肖鸿光, 2016)。国内其他学者的研究发现，紫茎泽兰的入侵使土壤功能菌群的数量增加，这提高了紫茎泽兰的种群竞争力(戴莲 等, 2012)。

通过对外来植物入侵影响土壤微生物群落结构及多样性的研究，在一定程度上可以解释外来植物入侵机制，然而目前已有的大部分研究主要在描述现象层面，如果要深入揭示这些现象就需要对微生物的群落结构和功能做进一步研究。参与外来植物入侵的三类微生物主要包括病原微生物、腐生微生物和共生微生物(van der Putten et al., 2007)。病原微生物能够引起植物病变，但入侵植物缺乏相应的土壤病原微生物，因此为自己节省了防御病原菌的“成本”，从而获得植物间的竞争优势，成功实现入侵(Dai et al.，2015)。最近的研究表明，入侵植物甚至能携带病原菌到入侵地感染本地植物，例如 Li 等人的研究发现外来植物互花米草会携带致病性镰刀菌，入侵过程可以引起本地植物芦苇的死亡，从而使其成功入侵(Li et al.，2015)。腐生微生物的食物主要来自死亡或腐烂的动植物尸体，但它们对植物有积极的反馈作用：植物为腐生微生物提供有机碳源，而腐生微生物又为植物提供无机营养(Hamilton et al.，2001)。因此，当外来入侵植物定植后，很可能通过改变当地的腐生微生物群落结构，进而影响本地植物的营养获取及生长，最终影响群落的演替。对于共生微生物而言，它们是由植物与土壤微生物之间的强共生关系形成的(Callaway et al.，2008)。例如菌根，如果外来植物能够与入侵地的菌根菌形成共生体，将会大大提高入侵成功率，因为外来植物与本地土壤微生物共生体可以通过根际分泌物调节以产生干扰，从而减弱或者破坏本地植物与土壤微生物的共生关系，从而促进外来植物扩张，导致本地植物群落结构发生改变。例如，入侵北美的葱芥分泌化感物质破坏本地植物与菌根真菌的共生关系(Stinson et al.，2006)。

土壤微生物群落相互作用的过程与机制因入侵植物的种类不同而异，虽然国内学者们已经开始关注入侵植物与土壤微生物之间的关系，但是相关领域的研究仍然不多，而关于利用土壤微生物防治入侵植物的案例报道更少，由此我们认为此研究方向值得深入探索。

1.2.2.2 竹资源的开发利用现状

我国现有竹林面积为641.16万公顷，从经营目标来看，主要分为：①笋用竹林；②纸浆林；③材用竹林；④笋材两用竹林；⑤生态公益竹林(李智勇，2020)。目前对竹资源的利用有10余类，近万个品种，可以分为以下三类：一是原竹加工，如竹编织的日用品、竹工艺品；二是食品加工，如竹笋加工品、竹汁提取物、竹醋液等；三是竹材加工，如各种竹板材、竹纤维制品、竹建材和竹浆造纸等方面(窦营等，2011)。这可以有效地代替部分木材、钢材等建筑材料，缓解这些材料日益突出的紧缺问题。

此外，目前全球面临着能源短缺和环境保护的双重压力，竹资源作为一种生物质能源具有广阔的发展前景。早在2000年就有研究者对竹类的能源潜力进行研究，结果发现竹类具有高热值、低灰分含量的特质，是潜在的能源植物(Scurlock et al.，2000；Anselmo et al.，2004)。近年来，随着研究的深入，利用竹类作为生物质能源已成为可能，目前竹类生物资源的利用主要是以竹类为原料生产生物乙醇和以竹类为原料进行发电这两种方式。

以竹类为原料生产生物乙醇主要有两种方法，第一种方法是根据竹种自身特殊的生理特性，例如利用酒竹的天然伤流液中含有酒精和多种微量元素天然发酵后形成酒精含量高达20%以上的液体(王树东等，2008)；利用勃氏甜龙竹和马来甜龙竹等热带丛生竹种高达24%以上的含糖量转化生物乙醇(谢锦忠等, 2003)。第二种方法是将竹质纤维转化为乙醇。竹子是一类高纤维的植物，纤维素的含量达到50.38%，毛竹嫩竹的纤维素含量更是高达75%，因而是生产生物乙醇的优质原料。

竹类发电技术类似于用稻壳发电，即先将竹子干燥后再热解气化，最后用产生的可燃气体来发电(吴志庄, 2013)。研究表明，竹子的平均燃烧热值达到19331.26 J/g，其中，毛竹热值为18996.6 J/g，虽然稍低于木本植物，但高于多数草本植物和作物秸秆燃烧热，可以作为生产生物能源的优质原料(Nordin, 1994)。

竹类生物资源利用有助于减少对环境的污染，一方面，竹子自身具有调节环境问题的潜能，竹子具有复杂的地下根茎、根系和年生物量高等特点，可以防止水土流失，提高土壤固碳量(Zhou et al., 2011)；另一方面竹废弃物可进行直接利用或再加工为肥料、饲料、竹炭、竹醋液等，保证了竹废弃物的资源化利用，最终可以实现竹资源的“零”剩余(辜夕容等, 2016)。

1.2.2.3 竹林扩张的现状及危害

由于竹资源的多用途性和很高的经济、社会和生态效益，竹子在全球范围内被广泛种植和引进竹种(Xu et al., 2017)。目前，大多数国家均有引进外来竹种，中国竹种中有10余种为引进种，印度144种竹种中有5种引进种，日本竹种中有21种引进种，印度尼西亚竹种中有16种引进种(邢新婷, 2006)。大面积的种植和竹种引进导致竹林的占地面积在过去20年显著增加，中国的竹林面积从2004年到2013年的10年间增加了14.5%，由于引进竹资源的渠道管理和生态风险管理缺失，加之竹林长期得不到维护和管理，导致大面积竹林迅速向外蔓延，侵袭了邻近和周围的林地，使竹林扩张问题变得很严重(Peng et al., 2013)。

目前，全世界竹林面积分为三大地理分布区，分别是美洲竹区、非洲竹区和亚太竹区，三大竹区出现了不同程度的竹林扩张现象。美洲本土竹种主要分布于拉丁美洲，目前亚马孙热带雨林约有40000公顷的森林受到竹林扩张的威胁(Lima et al., 2012)。近百年来，美国、澳大利亚、欧洲国家和非洲因为稳定斜坡，景观绿化或是个人喜好引入了大量亚洲竹种，竹林面积呈逐年增长趋势，并且这些竹种已经开始扩张到本地的植物群落中(O′connor et al., 2000; Cook et al., 2006)。

亚洲是全球最大的竹类植物分布区，具有丰富的竹种资源和巨大的竹林面积。在日本，从东部到西部，Hirasawa、Kofuki 和 Hachiman 等多地毛竹林面积平均年增长速率达2.0% (Suzuki & Nakagoshi, 2008)。经济发达的东京地区竹子扩张速度更快，年平均增幅达到9.6%，西南部的竹林面积在1961—1978年的17年间增加了270% (Okutomi et al., 1996)。高海拔地区的竹子也在扩张，Kudo 等人的研究表明，自1979年起，千岛箬竹扩张到日本北部大雪山荒野地区的高山雪草甸，32年间面积扩大了47.5%，水平扩张距离达12.5 m(Kudo et al.，2011)。日本福冈县的Sasaguri和Tachibana，30年间竹林面积增加了1.3～1.7倍(Nishikawa et al.，2005)。在印度，Dutta等人通过1973—2012年的卫星影像发现西高止山脉处20.8%的常绿阔叶林被其本地竹种入侵(Dutta & Reddy，2016)。

在中国，竹林主要分布在北纬35°以南地区，从北到南，竹林扩张都十分严重。位于河南省信阳市境内的鸡公山自然保护区仅1994—2007年毛竹林总面积就增加了63.83公顷，毛竹林逐年蚕食常绿落叶阔叶混交林、针阔混交林等天然植被，导致该区域内毛竹纯林化，保护区内物种多样性受到影响(杨怀等，2010)。位于江苏省宜兴市的龙背山森林公园，竹林不断向周边林分扩张，形成竹进林退的局面，立竹度由纯毛竹林的3200株/公顷降低至100株/公顷(史纪明等，2013)。位于浙江省西北部临安境内的天目山国家级自然保护区的毛竹林面积随着年份的增长在逐渐扩大，1956—2004年毛竹林位置扩张超过25 m，总面积从55.1公顷增加到87.5公顷，一定程度上破坏了该地区的生物多样性(Bai et al.，2016 a，b)。位于福建省永安境内的天宝岩国家级自然保护区的毛竹林是经过30年自然扩张形成的，导致了群落内生物多样性、物种丰富度不同程度的下降(周亚琦，2017)。近年来，江西省武功山国家森林公园和阳际峰国家级自然保护区的毛竹扩张呈现逐年增加的态势，破坏了该地区的群落稳定性，降低了生态系统稳定性(崔诚，2018)。四川省引入了慈竹和楠竹，但由于不受人为控制，两种竹类迅速入侵部分桫椤群落中，严重干扰桫椤种群，使这个现存唯一的木本蕨类植物的分布面积逐步缩小(黄茹等，2009)。在云南西双版纳勐腊县芒果树乡，黄竹的侵入对群落生物量积累有较大负效应，即群落生物量的积累和植物多样性随黄竹侵入量的增加而明显减少(施济普等，2001)。

植物生物量是评价生态系统稳定性与健康情况的重要指标，竹林扩张与其他外来植物入侵类似，会对生物多样性和生态功能产生负面影响。首先，竹林扩张到邻近的森林中会显著影响被扩张森林的生物量，Grisconm等人发现竹种Guadua weberbaueri的扩张会导致树的密度从616株/公顷降低到83.3株/公顷(Taylor & Qin，1988；Griscom& Ashton，2003)；Nelson等人的进一步研究发现，与未被竹林扩张的森林相比，由于树木密度的降低，以竹子为主的森林地上生物量减少了29%(Nelson，2011)。

其次，竹林扩张还会改变植物的物种多样性和群落结构，Lima等人发现散生竹的扩张彻底改变了巴西大西洋森林的植物群落结构，扩张的本地竹种*G. tagoara*在被扩张的森林中形成了竹斑(Lima et al.，2012)。多项研究表明植物种类的数量与竹子密度呈负相关，即植物的种类数量会随着竹密度的增加而减少。例如，在日本矢作川地区，研究人员发现竹密度高的森林中只有少量的树苗，而竹密度较低的森林中存在少量的林地草本植物(Suzaki & Nakatsubo，

2001)。近年来，我国许多地区的毛竹扩展取代了周围的针、阔叶森林，如在天目山自然保护区，毛竹扩张导致阔叶林和针叶林树木及灌木层的 Simpson 多样性指数降低(Bai et al.，2013)。Wang 等人还发现中国西南地区的华西箭竹对灌木层和草本的物种多样性同样产生了显著的负面影响(Wang et al.，2012)。

最后，竹林扩张还对动物的多样性产生了影响。杨淑贞等人对浙江省天目山毛竹扩张的森林中的鸟类进行了研究，结果发现竹林扩张导致鸟类的多样性减少，鸟类数量降为纯常绿阔叶林的七分之一(杨淑贞等，2008)。值得注意的是 Rother 等人发现所有巴西东南部地区 81 种鸟类中，竹林中有 74 种，非竹林中有 55 种，其中有 15 种鸟类是竹林特有的(Rother et al.，2013)。造成这种矛盾结论的主要原因是竹林扩张的程度不同，巴西东南部竹林扩张并不严重，未形成竹斑，即森林的植物结构发生了改变，但生态功能还未受到竹林扩张的影响，而天目山的竹林在其发展过程中已经对周边环境中的生物种群产生影响，对生物多样性造成威胁(杨淑贞等，2008)。竹子的生长依赖于土壤的补给，土壤物理性质是影响毛竹生长发育的重要因素，与此同时，竹林扩张反过来也会对土壤的理化性质和地下部分的土壤生物产生影响。土壤质量评价的物理指标通常包括土壤容重、渗透率、土壤持水特征和含水量、土壤团聚体、土壤孔隙度等(王刚，2008；邓利，2008)。研究发现竹林扩张会影响被扩张土壤的理化性质，如引起土壤的容重下降，含水量及孔隙度上升，对 pH、土壤有机质、土壤总磷、有效磷、有效钾均有影响(吴家森等，2008)。有研究表明，与常绿阔叶林和竹阔混交林相比，毛竹纯林的土壤渗透能力最弱(Rossi，1991)。此外，竹林扩张还会对土壤中的微型动物产生影响，Chica 等人的研究表明，在毛竹扩张到阔叶林之后线虫和食草线虫的比例增加，其具体机理还需要进一步研究(Chica et al.，2013)。

综上所述，竹林毛竹林扩张在提供更多竹资源供给的同时，向周边系统扩展的能力也非常强。

竹林扩张对群落内物种丰富度、Simpson 指数等产生负面影响，造成生物多样性下降，减弱生态系统功能并抑制群落更新，最终导致森林退化，对生态环境造成破坏。竹林扩张的危害已经显现，但由于竹林较高的经济价值，目前对竹林的研究主要集中在如何获取更大的经济利益上，对竹林扩张所带来的生态危害问题研究较少。近年来学者对竹子扩张的生态效应主要从群落组成结构、生物多样性、土壤理化性质、生态系统功能与过程、生态景观等方面进行了初步评价，但竹林扩张机制尚不完全清楚，需要通过进一步的研究来解析。

1.2.2.4 竹林扩张的可能机理

竹子是一类入侵性较强的植物，会不断地向临近群落入侵，竹子扩张的过程可以划分为四个阶段：地下渗透、地上成竹、竞争排斥和优势维持(杨清培等，2015)。具体来说：第一阶段，竹子在地下的根茎(竹鞭)通过横向生长的方式从竹林边缘向邻近的生态系统进行地下渗透，这个阶段暂未产生新竹(Okutomi et al.，1996)。第二阶段，渗透进去的根茎上长出少量新竹，但对受侵生态系统的群落结构、物种组成影响不大(Okutomi et al.，1996；Griscom & Ashton，2003)。第三阶段，随着入侵竹子数量越来越多，鞭龄增长，个体变大，受侵生态系统中其他植物死亡数量开始增加，并逐渐退出群落，竹子在受侵生态系统中成为优势种(Okutomi et al.，1996；Wang et al.，2012；Wang et al.，2016)。第四阶段，已成为优势种的竹子通过各种竞争的方式抑制植物的群落演替，直到开花结实死亡(Okutomi et al.，1996；Kudo et al.，2011；Griscom & Ashton，2006)；甚至在开花后，还会通过竹子种子迅速生出新竹，维持优势地位(Griscom & Ashton，2006；de Carvalho et al.，2013)。

竹林扩张的机制有多种假说，主要包括与竹子自身生物学特征相关的入侵理论假说、与竹子和被扩张群落相关的入侵理论假说、干扰假说和新颖武器(novel weapons)假说。与竹子自身生物学特征相关的入侵理论假说是基于竹子生物学属性提出的，即内秉优势，主要表现在竹子生长迅速，繁殖能力强，适应性强，集团协同(杨清陪，2015)。竹子生长十分迅速是因为竹秆、枝和鞭上有许多节与节间，生长时每个节间都有居间分生组织，多个居间分生组织能同时进行细胞分裂和生长(Kleinhenz & Midmore，2001)。繁殖能力强是因为竹子的地下茎不但是养分、水分的储藏器官和运输器官，而且是繁殖器官，鞭育笋、笋成竹、竹养鞭，如此循环，繁殖速度惊人(Kleinhenz & Midmore，2001)。适应性强是因为竹种在生态、生理与生态方面都具有可塑性(Yang et al.，2014)。集团协同是因为竹子是典型的克隆植物，通过竹鞭连续分枝生长，形成一个庞大鞭系，产生集团竞争优势(Li et al.，2000；Saitoh et al.，2006)。

与竹子和被扩张群落相关的入侵理论假说和干扰假说都是基于影响竹子扩张的外界因素提出的。前者认为竹子能否扩张成功，除了其内秉优势外，很大程度取决于被扩张群落的可入侵性。如果邻近群落结构抵抗性和稳定性弱，竹子的扩张性就强。Okutomi 等人研究了毛竹对人工林、阔叶林及灌木林的年平均扩张速率，结果表明竹子在灌木林的扩张速率最快，在阔叶林中的速度最慢，这是因为灌木林的结构更为复杂，物种多样性较高(Okutomi et al.，1996)。但是也有学者提出竹林扩张的速度受林分结构影响不大，主要是与被扩张群落所在的坡度、坡向有一定的相关性(Suzuki et al.，2008；Gagnon et al.，2007)。

干扰假说分为自然干扰和人为干扰。研究发现自然干扰有利于竹林的扩张(Smith & Nelson，2011；Tomimatsu et al.，2011)，例如 Gagnon 等人研究发现受到台风干扰后，北美竹种 Arundinaria gigantea 的扩张速度变为台风前的 2 倍(Gagnon et al.，2007)。此外，动物的干扰也会增加竹子的竞争力(Iida，2004；Caccia et al.，2009)。例如梅花鹿经常蹭撕树皮，时间长了会导致树木死亡，形成林窗

(Ando et al., 2006);偏好竹林的鼠类会采食树木的种子从而影响森林更替(Iida, 2004)。人类经营性干扰活动也有利于竹林扩张,近年来为了扩大竹林的种植面积,许多地区进行了扩鞭造林,导致地上部分年平均扩张距离可达5 m左右,而且深翻可大大提高新竹质量(董晨玲,2003)。另外,林木的采收也会给竹林的扩张创造机会(Larpkern et al., 2011; Campanello et al., 2007)。多种干扰的组合有助于小而分散的竹林扩张,这些小部分的竹林扩张最终会合并,形成一个大而密的竹林(Smith & Nelson, 2011; Gagnon & Platt, 2008)。总之,干扰产生林窗,为竹子扩张提供了资源与机会,增加了群落的可入侵性。

新颖武器(novel weapons)假说是基于种间化学关系解释外来物种入侵的假说,认为入侵植物根系通过植物自身或微生物向被入侵环境释放化学物质,这些分泌物会发挥较强的化感作用,成为植物和土壤微生物之间相互作用的调节者,对其他植物或微生物的生长、分布产生直接或者间接的影响(Callaway & Ridenour, 2004)。被入侵群落的植物对这些化学物质较为敏感。已有研究表明,竹子的竹叶和竹鞭具有化感作用,会通过分泌香草酸、阿魏酸、对香豆酸、紫丁香酸等化感物质在不同程度上抑制杉木(*Cunninghamia lanceolata*)、青冈(*Cyclobalanopsis glauca*)、苦槠(*Castanopsis sclerophylla*)和马尾松(*Pinus massoniana*)等植物的种子发芽和幼苗生长(黄启堂,2008 a,b;白尚斌等,2013)。

新颖武器假说以化感作为外来植物入侵的一种机制奠定了理论基础,有学者把竹子与树木间的化感作用作为竹子扩张的主要机制之一(Grombone - Guaratini et al., 2009)。但值得注意的是,目前支持该假说的结果主要来自室内模拟实验,并且只在竹子对植物的影响方面进行了研究。因此仍有许多问题需要进行深入研究,比如竹子会释放哪些化感物质,会在多大程度上限制林下植物生长和更新;竹子对被扩张土壤微生物的化感作用以及竹林土壤微生物对被扩张土壤微生物的化感作用。

综上所述,学者们已经提出了多种关于竹林扩张的理论假说,并有一定的数据支撑。但是竹林扩张是一个复杂的过程,其机制需要从多个不同的方面进行综合研究,杨清培等人提出"内禀优势、资源机遇与干扰促进"的生物入侵理论(杨清培等,2015),认为是竹子自身生物学特征、被扩张群落和干扰三种因素综合形成了生物入侵机制(Catford et al., 2009)。然而,这一理论没有充分考虑植物和微生物的化感作用,竹子发达的竹鞭和根系具有化感作用,这可能是导致竹子地下部分扩张的重要原因(刘骏等,2013)。此外,竹子种类不同,扩张过程和机制也会有所差异。虽然竹子扩张机制已经受到了一定程度的关注,但对扩张机制的认识还处于初级阶段,还需要对其进行更加深入的研究和分析。

第2章　研究内容和方法

2.1　研究内容

本专著对土壤微生态的研究包含两个研究对象：一是赣南某离子型稀土尾矿土壤，二是浙江某自然保护区竹林扩张土壤。本章针对不同的研究对象阐述主要研究内容和研究方法。

2.1.1　离子型稀土尾矿土壤微生态研究内容

该部分以赣州龙南某离子型稀土矿山土壤为研究对象，探讨植物修复等修复方式对于离子型稀土尾矿土壤的改善作用，旨在揭示微生物参与离子型稀土尾矿土壤植物修复过程的可能机理，为植物修复作为一种离子型稀土尾矿土壤有效的修复方式提供数据支撑和理论依据。本研究具体开展以下三方面工作：

(1)修复后与未修复尾矿土壤对比，分析植物(湿地松)修复对尾矿土壤理化性质的影响，以及植物(湿地松)联合土壤改良修复对尾矿土壤理化性质的影响；

(2)将土壤样品利用高通量测序技术，对比分析不同修复方式对离子型稀土尾矿土壤微生物群落结构与功能的影响；

(3)基于液相色谱－质谱联用的代谢组学分析不同修复方式对离子型稀土尾矿土壤代谢组的影响。

2.1.2　竹林扩张土壤微生态研究内容

该部分以浙江省庙山坞自然保护区的林地土壤为研究对象，旨在为林业环境生态系统修复等提供理论依据和科学管理方法。本研究具体开展以下工作：

(1)对比人工纯毛竹林、毛竹扩张的亚热带次生常绿阔叶林，以及亚热带次生常绿阔叶林3种森林类型林区土壤的理化性质、微生物群落多样性；

(2)分析竹林扩张对土壤微生物及植物根际微生物群落结构的影响和改变；

(3)分析竹林扩张对土壤微生物群落的功能影响。

2.2　研究方法与材料

随着对环境与微生物关系的不断研究，近年来土壤微生物成为了研究热点。有关土壤微生物多样性的研究始于20世纪初，土壤微生物多样性研究主要包括细菌多样性、真菌多样性和古菌多样性，目前主要检测的方法有基于生物化学手段的磷脂脂肪酸法（PLFA）；基于分子生物学手段的变性梯度凝胶电泳（DGGE）和高通量测序技术。磷脂脂肪酸法是基于微生物细胞膜中的磷脂脂肪酸具有含量高、特异性强的特点，对磷脂脂肪酸进行分离提取分析，也可以对土壤微生物的多样性进行分析（钟文辉等，2004），这种方法可以检测不同环境条件下的微生物，且可靠性强，但存在不能从种水平上对微生物进行详细分类的缺点。

近年来随着组学技术的发展，特别是基于高通量测序技术的宏基因组学的迅速发展，极大地加深了我们对环境中微生物的了解。宏基因组（metagenomics），又称“元基因组”，能够对包括水、土，甚至人类肠道等环境中所有的微生物进行系统分析，包括对传统微生物培养所不可培养获得的99%的微生物进行全貌分析（Handelsman et al.，1998；Rodriguez－Valera，2004）。高通量测序技术是基于双脱氧核苷酸终止法（Sanger 测序法）而形成的检测技术，该方法可直接获取土壤样品中的16S或ITS rDNA基因片段来进行分析，通常利用16S rRNA的高度保守序列研究微生物群落多样性，通过对环境微生物16S rRNA保守区域进行聚合酶链式反应扩增，得到序列与数据库比对，分析微生物群落的种属组成及丰度；此外，还可以将16S rRNA高变区序列聚类成操作分类单元（operational taxonomic unit，OTU），然后利用OUT序列和数目估计微生物物种组成和丰度，预测微生物群落功能。此方法效率高、应用广泛，能够全面了解微生物与微生物、微生物与环境之间的相互关系，但测序成本相对较高（郭海燕等，2016）。近几年对于稀土尾砂矿植物修复的土壤微生物变化，主要利用高通量测序技术，如Chao等利用高通量测序技术测定了自然恢复下的稀土尾砂矿土壤微生物多样性的变化（Chao et al.，2016）。

代谢组学（metabolomics）是继基因组学和蛋白质组学之后发展起来的一门新兴学科，它是对生物或细胞在特定生理状态下全部小分子量代谢产物进行分析，研究环境条件发生变化后代谢产物的变化规律（Nicholson，et al.，1999）。代谢组学研究生命活动的现实状态，是对基因组学和蛋白质组学分析的补充，因此，将代谢组学与基因组学相结合可以更好地研究环境微生物群落的结构与功能，了解微生物对环境条件的应答。代谢组学研究流程主要包括：样品的制备和前处理、代谢产物的分离、代谢组数据的收集及数据的分析与处理。具体来讲，代谢物的提取一般采用水或甲醇、异丙醇等有机试剂；前处理过程一般采用固相萃取、亲和色谱等方法；代谢物的分离一般用高效液相色谱法(HPLC)、气相色谱法(GC)或毛细管电泳法(CE)等；代谢物的鉴定一般采用质谱(MS)、核磁共振(NMR)、傅立叶变换离子回旋质谱(FTMS)等。然而，单一的分析方法无法准确且全面地获取样品代谢组信息，因此在实际应用中通常采用多种技术相结合的方法。例如，采用色谱-质谱联用(LC-MS/GC-MS)、电感耦合等离子体质谱(ICP-MS)等方法进行代谢物组学分析。代谢组数据的信息量十分庞杂，需要处理，一般采用化学计量数中的模式识别(pattern recognition)，该方法能将原始数据降维和归类，分为单变量统计模式识别和多变量统计模式识别。常用的单变量统计模式识别为T检验和方差分析；常用的多变量统计模式识别为无监督的主成分分析(principal component analysis，PCA)、偏最小二乘法分析(partial least squares-discriminant analysis，PLS-DA)与正交偏最小二乘法分析(orthogonal partial least squares-discriminant analysis，OPLS-DA)等。由上述方法获取的代谢组数据通过与代谢组数据库(KEGG、Metlin、Metabo Analyst等)进行比对，获取差异代谢物的相关信息。

基于组学相关技术对赣南某离子型稀土尾矿土壤和浙江某自然保护区竹林扩张的不同环境条件下植物的根际土壤进行研究，有助于我们了解根际微生物菌群落多样性，有助于探究环境改变引起的微生物群落结构与功能的差异，进而发现土壤环境中微生物参与土壤、植物代谢的交互信息。同时，利用代谢物组学分析根际土壤小分子代谢物，发现不同条件下代谢产物的应答差异，有助于在代谢水平上更深入地了解微生物发挥作用的途径。最终通过探究土壤微生物与环境因子间的关系，了解微生物对不同环境条件的应答机理，全面揭示微生物在生态修复与物种入侵中的作用，从而帮助我们更有效地利用土壤微生物改善土壤性状，达到保护与修复生态环境的目的。

2.2.1 离子型稀土尾矿土壤微生态研究方法与材料

2.2.1.1 研究对象概况

赣州市素有“稀土王国”的美誉，拥有不可比拟和无法替代的稀土资源，其中重稀土占全国的80%。赣州市是国内主要的中重型稀土产出地，稀土矿产资源开发始于20世纪70年代末，开采早期采用池浸堆浸等提取方法，而且长期处于非法无序状态，虽然现阶段采用原位浸采，但是这些浸提方式对矿山周围的土壤和水体造成了严重的环境污染和生态破坏。为加强我国稀土、铁矿资源保护和合理利用，国土资源部发布《关于设立首批稀土矿产国家规划矿区的公告》(2011年第1号)，决定在我国离子型稀土资源分布集中的江西省赣州市7县11个矿区划定设立首批稀土国家规划矿区。

本研究样地位于龙南重稀土规划矿区(24°50'N，114°51'E)，属于首批稀土国家规划矿区，是一类富含钇等重稀土元素的稀土矿区。矿区位于赣州市龙南县南部约10 km，总面积约为295 km^2，海拔高度为250～380 m。该地区属亚热带湿润季风气候，气候温暖，四季分明，一月平均气温为8.3℃左右，七月平均气温为27.7℃左右，极端最低气温为－6℃，极端最高气温为37.4℃，年平均气温为18.9℃；雨量充沛，年平均降雨量为1526.3 mm（欧阳海金等，2014）；矿区内以低山丘陵地形为主，土壤为红壤，含沙量约为57.6%，含水率较低，黏着性较强（陈熙等，2015）。

该矿区作为最早的离子型稀土开采矿区之一，经历过池浸、堆浸和原位浸矿等浸提方式，经年累月的开采使生态环境遭到破坏，因此形成大面积尾矿，土壤含沙量极高，贫瘠无营养。自2000年左右实施稀土尾矿修复工程，矿区周边环境有较大改善，并形成了山水林田湖生态保护带。然而，矿区内部的修复较为滞后，2014年前后陆续实施改良土壤及植物修复工程，其中有效的改良土壤措施为，在矿区土壤中添加天然修复材料熟石灰、沸石、凹凸棒土和有机肥。这种土壤修复方式可以更好地用于植被栽种，同时又可以将此改良土壤做成生态带保护边坡，防止水土流失（刘斯文等，2015）。本研究首先对矿区样地栽种的修复植物林地进行了调查，发现主要有桉树林、松树林、杉树林等。然而由于桉树的入侵作用，桉树林下土壤板结，几乎无其他植物生长；靠近水土侵蚀的沟壑附近的杉树林有大片死亡；唯有湿地松林地生长较为正常，林下其他植被丰富，而且湿地松在未改良的尾矿土壤上生长也较好。由此，我们以未修复的离子型稀土尾矿土壤为对照（图2－1），选取典型修复植物湿地松修复方式修复的土壤和湿地松＋改良土壤修复方式修复的土壤作为研究样地进行相关试验。

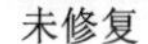

未修复　　单纯湿地松修复　　湿地松+改良土壤修复

图2－1　赣南某离子型稀土尾矿三种类型土壤

赣南离子型稀土尾矿三种类型土壤包括：未修复的尾矿土壤（作为对照），两种修复过的样地，即单纯湿地松修复方式和湿地松＋改良土壤修复方式修复过的尾矿土壤。

2.2.1.2 土壤样品采集

本部分研究的土壤样品于 2017 年 11 月完成采集。土壤样品包括三种类型，分别是：未修复尾矿土壤（对照）、湿地松修复过的尾矿土壤、湿地松 + 改良土壤修复过的尾矿土壤。

采集方法：各样地面积约为 20 m × 20 m，每块样地按对角线法（共 5 个点）取土样，每个点各选择 2 株大小、长势相近的植株，用铁铲去除根部周围土壤，用毛刷将根上附着的土壤收集，装入密封袋中，再将密封袋放入装有冰袋的保温盒中，低温保存，带回实验室。空白土壤样品（稀土尾矿未修复土壤）与湿地松土壤样品取自同一地点、同一时间，去除表层土，收集与根系土壤相当距离的土壤，冷藏送回实验室。

分析方法：将土壤样品置于阴凉、干燥处风干，取一部分用于代谢组测定，其余过 60 目筛（0.42 mm），取一部分用于土壤性质的测定；剩余土壤继续过 100（0.15 mm）目筛，用于测定高通量测序和代谢物组学分析。

2.2.1.3 土壤理化性质测定

将上述所得一部分土壤用于以下分析：采用电位法测定土壤的 pH（水土比为 2.5∶1）；用重铬酸钾容重法测定土壤中有机质（organic matter，OM）和有机碳（organic carbon，OC）含量；利用 Easychem 流动注射分析仪测定土壤中的硝态氮、铵态氮和总氮（total nitrogen，TN）含量；利用重量法测定土壤硫酸根离子（g/kg）；采用钒钼黄吸光光度法测定土壤总磷（total phosphorus，TP）含量；采用碳酸氢钠浸提 - 钼锑抗分光光度法测定土壤有效磷（available phosphorus，AP）含量（兰燕等，2019）。

土壤中金属元素的测定：首先采用 $HCl - HNO_3 - HF - HClO_4$ 四酸消解土壤中钙（Ca）、锰（Mn）、铝（Al）、钾（K）、镁（Mg）等金属元素，然后利用质谱/光谱仪联合测定含量。土壤中稀土元素的测定：钆（Gd）、铽（Tb）、镝（Dy）、钬（Ho）、铒（Er）、铥（Tm）、镱（Yb）、镥（Lu）、钇（Y）等稀土元素采用硼酸锂熔融，利用等离子质谱仪进行定量（程成等，2014）。

土壤酶活的测定：利用土壤酶试剂盒测定土壤脲酶（Urease）、磷酸酶（Phosphatase）、蔗糖酶（Sucrase）、蛋白酶（Protease）、过氧化氢酶（Catalase）、多酚氧化酶（Polyphenol oxidase）等酶活（靳振江等，2019）。

2.2.1.4 土样的高通量测序分析

（1）土壤 DNA 的提取、PCR 扩增

从矿区采取的土壤样品经预处理后，立即用液氮保存并运送至上海欧易生物医学科技有限公司，由该公司负责完成高通量测序工作。

首先利用 CTAB（hexadecyl trimethyl ammonium bromide，十六烷基三甲基溴化

铵)法提取土壤微生物总DNA，然后分别进行细菌和真菌聚合酶链式反应扩增。

细菌16S rDNA的聚合酶链式反应扩增使用带Barcode的特异性引物与KAPA公司的HiFi Hot Start Ready Mix高保真酶对V3-V4区进行聚合酶链式反应扩增，确保序列的扩增效率和准确性。引物为343F(5′-TACGGRAGGCAGCAG-3′)和798R(5′-AGGGTATCTAATCCT-3′)，每组样品进行两次聚合酶链式反应扩增，扩增完成后根据聚合酶链式反应产物浓度等量混样，进行测序。

真菌ITS的聚合酶链式反应扩增所使用的引物为1743F(5′-CTTGGTCATTTAGAGGAAGTAA-3′)和2043R(5′-GCTGCGTTCTTCATCGATGC-3′)，对ITS1区进行聚合酶链式反应扩增。

细菌与真菌的聚合酶链式反应扩增反应条件均为：95℃预变性2 min；95℃变性30 s，55℃退火30 s，72℃延伸30 s，共25个循环；最后72℃延伸5 min(Wanget al.，2019)。

聚合酶链式反应扩增产物均使用1%浓度的琼脂糖凝胶电泳进行检测，并使用磁珠法纯化核酸。

(2)序列处理

聚合酶链式反应测序得到的原始数据使用Linux进行处理(Edgar et al.，2019)，具体过程如下：

首先将两端序列反向合并成单端，然后使用Usearch去除Barcodes序列和引物，并进行错误率在1%以下的质控，去冗余，最后与数据库比对[9]：细菌使用Gold数据库(http://drive5.com/uchime/rdp_gold.fa)；真菌使用UNITE数据库(https://unite.ut.ee/repository.php)，去嵌合以及基于97%序列相似度聚类成不同的单元(OTUs)。

2.2.1.5 土壤代谢组分析

基于高效液相色谱-质谱联用的代谢物组分析步骤如下：

(1)样品前处理

首先准确称取过筛预处理过的1 g土壤样品，加入20 μL内标参照物和1 mL浓度为50%的甲醇溶液，在60 Hz的研磨机中研磨2 min，在涡旋震荡仪振荡60 s，超声波破碎仪超声30 s；然后在4℃下以13000 r/min的转速离心15 min，最后收取200 μL的上清液，用0.22 μm的有机相针孔过滤器过滤，保存于-80℃下，用于后续液相色谱-质谱分析。

(2)高效液相色谱-质谱(HPLC-MS)联用分析

本试验采用的实验仪器为沃特世(Waters，ACQUITY UPLC)超高效液相色谱与高分辨质谱仪(AB Sciex Triple TOF 5600)串联组成的液质联用分析系统。实验所用色谱柱为ACQUITY UPLC BEH C18色谱柱(100 mm×2.1 mm，1.7 μm)，温度为45℃，进样量为5 μm。采用的流动相包括A相和B相，A相为浓度为0.1%

的甲酸水溶液，B 相为乙腈和浓度为 0.1% 的甲酸溶液，流动速度为 0.4 mL/min，洗脱比例如表 2 - 1 所示。质谱采用电喷雾离子化(ESI)源，信号采集分别采用正、负离子扫描模式，质谱参数设定如表 2 - 2 所示。

表 2 - 1　洗脱梯度

时间/min	A 相洗脱比例/%	B 相洗脱比例/%
0	95	5
2	80	20
4	75	25
9	40	60
14	0	100
18	0	100
18.1	95	5
19.5	95	5

表 2 - 2　质谱仪离子源参数

参数	正离子	负离子
雾化器(PSI)	40	40
辅助气(PSI)	40	40
气帘气(PSI)	35	35
离子源温度/℃	550	550
喷雾电压/V	5500	4500
去簇电压/V	100	-100
质量扫描范围(时间飞行质谱扫描)	70 ~ 1000	70 ~ 1000
碰撞能量(时间飞行质谱扫描，eV)	10	-10
质量扫描范围(子离子扫描)	50 ~ 1000	50 ~ 1000
碰撞能量(子离子扫描，eV)	30	30
接口加热器温度/℃	550	600

(3)质控样本

质控(quality control, QC)样本是由所有试验样品提取液等体积混合制备而成的,每个 QC 的体积与样本相同,处理与检测方法与所分析样品一致。为考察整个分析过程的可重复性,每9个分析样品插入一个质控样本。

2.2.1.6 数据分析

(1)单因素方差分析(ANOVA)与相关性分析

使用 SPSS 22.0 对测得的不同土壤数据进行方差分析,分别对土壤金属元素与土壤理化性质之间和酶活性之间的相关性进行分析,并对各土壤相互关联的参数与微生物群落之间的相关性进行分析。

(2)土壤性质主成分分析

使用 R 3.4.3 的 vegan 包中的 rda( )函数对土壤理化性质、金属元素、酶活组成进行主成分分析(principal components analysis, PCA)。

(3)土壤微生物多样性、物种丰度分析

使用 R 3.4.3 进行以下分析:土壤微生物丰富度、香农多样性指数(shanonindex, α-多样性),基于 weighted unifrac 距离的主坐标分析(principal coordinate analysis, PCoA, β-多样性分析)。实验从主要门、纲水平对土壤微生物相对丰度进行分析。

(4)土壤微生物网络分析

通过计算微生物之间 Spearman 的相关系数,选取相关系数 $p>0.6$ 且 $p<0.01$的土壤微生物作为互作对象,以更好地描述网络中各节点的关联性。使用 Gephi(https://gephi.org/)可视化网络描述所生成的网络,对网络的拓扑特性进行计算,包括平均路径长度、图密度、网络直径、平均聚类系数、平均度和模块化等(Jianget al., 2017)。

(5)土壤微生物功能预测

通过使用 PICRUSt(http://huttenhower.sph.harvard.edu/galaxy)将所得序列与 Greengenes 数据库进行比对,寻找序列的“参考序列最近邻居”,然后根据其对应的 KEGG 数据库数据,预测出土壤微生物菌群的代谢功能(Kanehisaet al., 2014)。

使用 FunGuild(http://www.stbates.org/guilds/app.php)对土壤真菌菌群的功能进行预测(Nguyenet al., 2016)。

(6)土壤代谢组原始数据的处理

使用 MSconventer 处理 LC-MS 的原始数据,数据格式改变为 mzML 格式,通过 XCMS 1.50.1 软件进行峰提取,得到包含样品名称、峰强度、精确分子量和保留时间的三维数据矩阵,再经过总峰面积归一化处理后得到数据矩阵,并将 QC 样本中相对标准偏差大于30%的变量删除。

(7)土壤代谢组数据的分析

利用 SIMCA 14.1 软件对数据进行无监督的主成分分析(PCA)、偏最小二乘法分析(PLS - DA)，以及正交偏最小二乘法分析(OPLS - DA)(Bylesjöet al., 2006)。

利用 SIMCA 14.1 对正交偏最小二乘法分析的 VIP 值进行提取，并利用 SPSS 对数据进行单变量统计 T 检验分析，筛选其中 VIP≥1 且 T - test ($p < 0.05$)的代谢物作为差异代谢物。使用 OSI/SMMS 代谢组学快速鉴定分析软件系统鉴定差异代谢物，所使用到的数据库为软件自建标准化合物数据库、HMDB 库(http://www.hmdb.ca/)和 METLINE 库(https://metlin.scripps.edu/)。利用 R 3.4.3 的 pheatmap 软件包对差异代谢物绘制热图。

2.2.1.7 主要材料及仪器

本研究实验过程中使用的主要化学药剂、实验仪器及设备如表2-3、表2-4所示。

表2-3 主要化学药剂

药剂名称	纯度	厂家
重铬酸钾	99%	Aladdin
硫酸亚铁	分析纯	Macklin
钼酸铵	分析纯	Macklin
高氯酸	分析纯	Aladdin
硝酸	70%	Aladdin
氢氟酸	分析纯	Aladdin
甲醇	色谱级	Aladdin

表2-4 主要实验仪器

仪器名称	型号	生产厂家
电子精密天平	FA2204B	上海舜宇恒平科学仪器有限公司
陶瓷研钵	16cm	—
分样筛	60 目	—
分样筛	100 目	—
pH 计	PHSJ - 4F	上海仪电科学仪器股份有限公司
油浴锅	HH - S1	常州金坛良友仪器有限公司
流动分析仪	iFIA7	北京吉天仪器有限公司

续表 2-4

仪器名称	型号	生产厂家
马弗炉	SX2-2.5-12	常州金坛良友仪器有限公司
分光光度计	UV755B	上海佑科仪器仪表有限公司
质谱仪	EXPEC 7000	北京吉天仪器有限公司
聚合酶链式反应扩增仪	EASYCYCLER 96	ANALYTIKJENA, Germany
基因组分析平台	Illumina MiSeq	Illumina, San Diego, California, USA
液质联用系统	ACQUITY UPLC, AB Sciex Triple TOF 5600	上海沃特世科技有限公司, 美国 SCIEX 公司

2.2.2 竹林扩张土壤微生态研究方法与材料

2.2.2.1 研究对象概况

本部分研究的样地位于庙山坞自然保护区，该保护区地处浙江省杭州市富阳区(30°03'N—30°06'N, 119°56'E—120°02'E)。庙山坞自然保护区2001年8月经国家林业局批准建立“浙江庙山坞自然保护区”，是隶属中国林科院的省(部)级自然保护区。

该区域属亚热带湿润季风气候，四季分明，降水充沛，温暖湿润。年平均气温为16.7℃，年平均降雨量为1478 mm，无霜期为237天，土壤为微酸性红壤(孔维健等，2010)。保护区位于浙西低山丘陵区天目山系余脉，总面积约为816.8公顷，森林覆盖率达93.6%。植物种类丰富多样，其中木本植物有71科173属347种，其他野生植物达1000余种(靳芳等，2005)。保护区地带性森林类型属亚热带常绿阔叶林，优势树种包括壳斗科的青冈[*Cyclobalanopsis glauca* (Thunb.) Oerst.]、樟科的香樟[*Cinnamomum camphora* (L.) Presl.]等，另外还有杉科的杉木[*Cunninghamia lanceolate* (Lamb.) Hook.]、壳斗科的白栎(*Quercus fabri* Hance)、冬青科的冬青(*Ilex chinensis* Sims)等常见树种。但是，由于长期的人为干扰，保护区形成了大面积的亚热带次生常绿阔叶林，此外毛竹[*Phyllostachys heterocycla* (Carr.) Mitford cv. Pubescens]人工林、杉木(*Cunninghamia lanceolata*)人工林、马尾松树(*Pinus massoniana*)人工林是该保护区主要的造林类型，灌丛地也偶然出现。自1970年左右开始，以1~2棵毛竹/亩的密度在该保护区山脚下种植毛竹，并逐渐成林，然而目前毛竹人工林明显向周边次生常绿阔叶林扩张，因此将该保护区选为本研究的实验样地。

本研究样地位于庙山坞自然保护区，海拔为100~250 m，样地选择人工纯毛竹林(后续研究中简称纯毛竹林)、被毛竹入侵的亚热带次生常绿阔叶林(后续研究中简称毛竹扩张阔叶林)、亚热带次生常绿阔叶林(后续研究中简称纯阔叶林)3 种林地类型(图 2-2)。由于毛竹扩张一般发生在毛竹人工林与次生常绿阔叶林交汇处,因此,每 3 种森林类型划为 1 条样带,共选择 4 条重复样带(Qin et al.,2017),每条样带中每种森林类型设置 1 个 20 m × 20 m 的样地,共计 4 条样带 ×3 种森林类型 =12 个样地。每个毛竹人工林、被毛竹入侵的亚热带次生常绿阔叶林样方的平均总毛竹胸径断面积分别为 0.30 m^2、0.09 m^2。根据实验需求,在每个样地中采集足量的土壤及根系样品用于开展土壤微生物群落结构和根际土壤高通量测序分析。

纯阔叶林

毛竹扩张阔叶林

纯毛竹林

图 2-2 浙江竹林扩张三种森林类型样地图

竹林扩张三种森林类型包括:纯毛竹林,代表人工纯毛竹林;毛竹扩张阔叶林,代表被毛竹入侵的亚热带次生常绿阔叶林;纯阔叶林,代表亚热带次生常绿阔叶林。

2.2.2.2 土壤样品采集

土壤及根系样品于 2017 年 9 月上旬完成采集所用方法:在每个样地中用内径为 5 cm 的土钻随机采集 5 钻表层土壤(0 ~20 cm),形成一个混合样,将土样混合均匀后,首先人工去除土样中的杂质,如植物根系、植物残体、石头等,然后将土样过筛(2 mm)。通过过筛处理的每个混合土样分为一式两份,装入密封袋中;再将密封袋放入有冰袋的泡沫保温箱中保存,并尽快带回实验室。两份图样中的一份保存于 -20℃ 温度中,用于测定土壤磷脂脂肪酸及进行微生物生物群落分析,用以确定土壤微生物群落组成;另一份土壤样品置于阴凉、干燥处自然风干,研磨后过 100 目筛,用于分析土壤基本理化性质等。

根际土壤样品:根系样品选择纯阔叶林及毛竹扩张阔叶林中的优势阔叶树种壳斗科植物青冈[*Cyclobalanopsis glauca* (Thunb.) Oerst.]、毛竹扩张阔叶林以及纯毛竹林中的毛竹[*Phyllostachys heterocycla* (Carr.) Mitford cv. Pubescens]。在每个纯阔叶林及毛竹扩张阔叶林的样地中选择胸径均一、健康的青冈 2 棵,共(4 个

纯阔叶林 +4 个毛竹扩张阔叶林）×2 棵 =16 棵；在每个毛竹扩张阔叶林及纯毛竹林的样方中选择2～3 年生成年、健康的毛竹2 棵，共(4 个纯阔叶林 +4 个毛竹扩张阔叶林）×2 棵 =16 棵。采集每棵树附近土壤表层0～20 cm 深土壤中根部的细根，然后抖去根系上附着的大粒土壤并将其放入密封袋中；低温保存，并尽快带回实验室。

2.2.2.3　土壤理化性质及微生物生物量的测定

将一部分土壤样品过100 目筛，然后对土壤总有机碳(SOC)、总氮(TN)、总磷(TP)含量及 pH 进行测定。土壤 pH 采用电位法进行测定(水土比例为2.5∶1)(雷磁 pHS－3C 型精密 pH 计，中国)，总有机碳、总氮含量采用燃烧法，利用 Costech ECS4010 元素分析仪(Valencia，California，USA)进行测定，全磷含量则采用酸溶—钼锑抗比色法，将土壤样品消煮后利用 Smartchem 300 全自动化学分析仪(AMS，Italy)进行测定。土壤微生物量碳(C_{mic})、氮(N_{mic})的测定采用氯仿熏蒸浸提法(Vance etal.，1987；Bossio & Scow，1998)，其中微生物量碳和微生物量氮的转换系数分别为0.45 和0.54。

2.2.2.4　土壤磷脂脂肪酸测定

磷脂脂肪酸分析：土壤样品经浸提、分离、酯化、萃取后进行气象色谱分析(Bossio & Scow，1998)，具体步骤如下：

①浸提：称取 8 g 冷冻干燥的土壤样品，加入 23 mL 的单相提取剂[氯仿($CHCl_3$)∶甲醇∶磷酸盐缓冲液(PBS)为1∶2∶0.8]中，室温下放于水平振荡器中以250 r/min 转速振荡浸提2 h；以2500 r/min 转速离心10 min，将上清液收集于分液漏斗中，剩余土壤样品再加入23 mL 的提取剂，浸提30 min 后离心。将第二次收集的上清液与12 mL PBS、12 mL $CHCl_3$一起加入前一次上清液中，混合均匀，静置过夜，使各相分离。把 $CHCl_3$相转移至一干净的试管中，32℃下用氮气吹干。

②分离：使用固相萃取柱，0.50 g 硅(Supelco，Inc.，Bellefonte，Penn)将磷脂从糖脂和中性脂中分离。用5 mL $CHCl_3$活化固相萃取柱后利用 $CHCl_3$(共3 次，每次约250 μL)转移脂类到萃取柱中，分别加入10 mL $CHCl_3$和10 mL 丙酮洗去中性脂和糖脂，用10 mL 甲醇淋洗磷脂并收集至一新试管中，32℃温度下用氮气吹干。

③酯化：在含有磷脂的试管中加入1 mL 混合比为1∶1 的甲醇甲苯混合液和1 mL浓度为0.2 mol/L 的 KOH 溶液，37℃下水浴加热15 min。采用温和碱性甲酯化法获得磷脂脂肪酸甲酯。

④萃取：向溶液中加入2 mL 水和0.3 mL 浓度为1.0 mol/L 的乙酸后，再用2 mL 正己烷萃取磷脂脂肪酸甲酯两次，室温下用氮气吹干。

⑤将样品重新溶解在 200 μL 己烷中作为内标。在气相色谱仪(Hewlett - Packard 6890 series GC, FID)上采用 MIDI 软件系统(MIDI, Inc., Newark, DE)进行分析，测定脂肪酸各组分的含量。

微生物的生物标志分析：磷脂脂肪酸指示微生物群落结构的分类方式见表 2 - 5(Hill et al., 2000)，将测得的磷脂脂肪酸按照以下对应关系进行分类。

表 2 - 5　不同土壤微生物与磷脂脂肪酸的对应关系

微生物类型		磷脂脂肪酸
细菌	革兰氏阴性菌	16:0, 16:1 w7c, 17:0, 17:0 cyclo, 18:1 w7c, 18:1 w5c, 19:0 cyclo
	革兰氏阳性菌	14:0, 14:0 iso, 15:0, 15:0 iso, 15:0 anteiso, 16:0 iso, 17:0 iso, 17:0 anteiso
放线菌		16:0 10 - methyl, 17:0 10 - methyl, 18:0 10 - methyl
丛枝菌根真菌		16:1 w5c(Olsson & Alström, 2000)
真菌		18:2 w6, 9c, 18:1 w9c (Bardgett et al., 1996; Grayston et al., 2001)

2.2.2.5　根际土壤高通量测序

本部分实验中基因组 DNA 的提取及聚合酶链式反应扩增方法与 2.2.1.4 节中类似，但又有所区别。采用 MO BIO 强力土壤 DNA 提取试剂盒(MO BIO Laboratories, Carlsbad, CA, USA)对植物根际土壤样品的基因组 DNA 进行提取(Lueders et al., 2004)，具体提取步骤如下：

①在根际表面约 1 mm 的土壤样品为根际土，将低温保存的植物细根样品运回实验室后放入 50 mL 离心管，加入 PBS 充分漩涡震荡，之后取出植物细根，收集从细根洗下的浊液(Edwards et al., 2015)；

②在低温(4℃)条件下，用离心管以 4000 r/min 的转速离心 30 min 后去除上清液，保留根际土样品部分；

③称取根际土样品 0.25 ~ 0.3 g，将其放置于 Power Bead Tubes 中，在涡旋振荡器上涡旋震荡 30 s；

④加入 60 μL C1 溶液，在涡旋振荡器上涡旋震荡 30 s，以 10000 r/min 的转速离心 30 s；

⑤将 400 ~ 500 μL 上清液转移至 2 mL 的收集管中，并加入 250 μL C2 溶液，在涡旋振荡器上涡旋震荡 5 s，4℃下冷藏 5 min，以 10000 r/min 的转速离心 1 min；

⑥将少于600 μL的上清液转移至一新的2 mL的收集管中，并加入200 μL C3溶液，在涡旋振荡器上涡旋震荡5 s，4℃下冷藏5 min，以10000 r/min的转速离心1 min；

⑦将少于750 μL的上清液转移至一新的2 mL的收集管中，并加入已摇匀的1200 μL C4溶液，在涡旋振荡器上涡旋震荡5 s；

⑧分次吸取上清液至Spin Filter，以10000 r/min的转速离心1 min，并倒掉废液，直到上清液全部转移；

⑨加入500 μL C5溶液到Spin Filter中，以10000 r/min的转速离心1 min，并倒掉废液，再将空Spin Filter管以10000 r/min的转速离心1 min；

⑩将Spin Filter小心转移至一新的2 mL离心管中，在滤膜中间加入100 μL C6溶液，以10000 r/min的转速离心30 s，弃去Spin Filter，离心管中收集的即为根际土壤样品DNA。

提取完成后，利用1%的琼脂糖凝胶电泳和Nanodrop检测根际土壤样品DNA的纯度和浓度，Nanodrop检测结果显示样品在260 nm处均有明显的吸收峰，且A260/280和A260/230值为1.8～2.1，表明DNA样品的完整性和纯度均较好。将检测合格的DNA样品保存在－40℃冰箱以备后续实验使用。

聚合酶链式反应扩增：以稀释后的基因组DNA为模板，选择合适的测序区域，使用带Barcode的特异引物，和高效高保真的酶(TaKaRa，Dalian)进行聚合酶链式反应扩增，确保扩增效率和准确性。

细菌16S V4－V5区引物选择515F(5′－GTGCCAGCMGCCGCGGTAA－3′)和909R(5′－CCCCGYCAATTCMTTTRAGT－3′)。每个聚合酶链式反应体系(25 μL)中含有1x PCR缓冲液，1.5 mmol/L $MgCl_2$，0.4 μmol/L dNTP，两种引物各1.0 μmol/L，0.5 U Ex Taq(TaKaRa，Dalian)和10 ng土壤基因组DNA。

聚合酶链式反应条件如下：在94℃预变性3 min；在94℃变性40 s，在56℃退火60 s，在72℃延伸60 s，共30个循环；最后在72℃延伸10 min。对每个样品进行两次聚合酶链式反应，并在聚合酶链式反应扩增后将二者混合[113]。

真菌特异性引物选择ITS4（5′－TCCTCCGCTTATTGATATGC－3′）和gITS7F（5′－GTGARTCATCGARTCTTTG－3′），聚合酶链式反应体系与上述实验中用到的细菌PCR反应体系相同。

聚合酶链式反应条件如下：在94℃预变性5 min；在94℃变性30 s，在56℃退火30 s，在68℃延伸45 s，共34个循环；最后在72℃延伸10 min。对每个样品进行两次PCR反应，并在PCR扩增后将二者混合。

PCR产物纯化、定量与测序：对PCR产物使用1%浓度的琼脂糖凝胶进行电泳检测；根据PCR产物浓度进行等量混样，样品经充分混匀后使用1%的琼脂糖凝胶电泳检测PCR产物，对目的条带使用AxyPrep DNA凝胶回收试剂盒(Axygen，

United States, AP－GX－250)回收产物，并用 Nanodrop 进行浓度和质量的测定。将浓度和质量合格的样品建库，在中国科学院成都生物所环境基因组高通量测序平台 Illumina MiSeq (Illumina, San Diego, California, USA)上进行上机测序。

序列数据处理：高通量测序数据利用 Usearch 进行处理(Edgar, 2010)，双端序列反向合并为单端，提取 barcodes 序列，并按照 barcodes 对序列进行重命名，切除双端引物和 barcodes 并进行允许错误率为 1% 的质控，对序列去冗余，利用 unoise3 与数据库进行比对(Edgar, 2015)，细菌使用 Gold 数据库(http://drive5.com/uchime/rdp_gold.fa)进行比对；真菌使用 UNITE 数据库(https://unite.ut.ee/repository.php)去除嵌合体并生成 OTU(operational taxonomic units)。最后通过比对 RDP 数据库进行物种注释，细菌 OTU 与 Greengenes 数据库做有参对比，用于 LefSe 分析，找到组间差异种，并用 FAPROTAX 进行功能注释(Louca & Parfrey, 2016)；利用真菌物种注释信息在 FunGuild 中进行功能注释(Nguyen et al., 2016)，如营养类型和功能分组等。

2.2.2.6 统计分析

使用 SPSS v21.0 统计软件对不同森林类型的土壤理化性质、磷脂脂肪酸种类进行单因素(ANOVA)方差分析，对磷脂脂肪酸与环境因子的 Spearman 相关系数进行分析；使用 R 3.4.3 对磷脂脂肪酸进行主成分分析(principal components analysis, PCA)，同时进行根际细菌、根际真菌 OTU 物种丰富度、Shannon－Wiener 多样性指数(α－多样性)基于 weighted unifrac 距离的主坐标分析(principal coordinate analysis, PCoA)(β－多样性)，以及物种相对丰度分析等。使用的 R package包括 ggplot2 包，ggbiplot 包，ggvegan 包，Vegan 包，reshape2 包等。使用 STAMP 对预测的功能基因进行显著差异性分析(Parks et al., 2014)。

2.2.2.7 主要实验仪器

实验过程中使用的主要实验仪器及设备见表 2－6。

表 2－6 主要实验仪器及设备

序号	仪器名称	型号/规格	生产厂家
1	电子精密天平	CP313	奥豪斯仪器(上海)有限公司
2	陶瓷研钵	16 cm	—
3	pH 计	pHS－3C	上海仪电科学仪器股份有限公司
4	分样筛	100 目	—
5	分样筛	2 mm	—
6	元素分析仪	Costech ECS4010	Valencia, California, USA

续表 2 - 6

序号	仪器名称	型号/规格	生产厂家
7	全自动化学分析仪	Smartchem 300	AMS, Italy
8	气相色谱仪	Hewlett - Packard 6890 series GC	Hewlett Packard, USA
9	超微量紫外分光光度计	Nanodrop 2000	Thermo Fisher, USA
10	PCR 扩增仪	EASYCYCLER 96	ANALYTIKJENA, Germany
11	基因组分析平台	Illumina MiSeq	Illumina, San Diego, California, USA

第3章 基于组学技术的稀土尾矿修复土壤微生态研究

3.1 引言

赣州市离子型稀土矿产资源自20世纪90年代末遭遇大规模开采，由于当时采矿技术较为粗糙，采用池浸、堆浸等开采方式致使稀土矿区生态环境遭到严重破坏，如水土流失严重、土壤肥力降低、土壤污染严重等。2012年，国家42个部委组成的联合调研组在赣州经过6天的调研后，形成了一个赣南苏区的环境报告，报告显示，稀土开采污染遍布赣州的18个县(市、区)，涉及废弃稀土矿山302个，遗留的尾矿(废渣)达1.91亿吨，废渣治理需70年(中国稀土网，2012)。

党的十八大以来，国家对土壤污染防治问题日益重视。从2006年开始，赣州全面禁止落后的离子型稀土矿池浸、堆浸工艺，推广原地浸矿工艺。2016年，国务院正式印发《土壤污染防治行动计划》(又称《土十条》)，明确要求在江西污染耕地集中区域优先组织开展治理与修复(国务院，2016)。2016年，在原地浸矿工艺基础上，赣州市又研发了绿色无铵稀土开采提取工艺，尽量把稀土开采过程中对环境的破坏降到最低。赣州积极开展废弃稀土矿山治理，近10多年来采用自然恢复与人工恢复相结合的手段进行生态修复，截至2018年，赣州市已累计完成废弃稀土矿山治理面积91.27 km^2，矿区植被覆盖率由治理前的4%提高到70%以上，取得较好的修复治理效果(中国自然资源报，2019)。

污染土壤的修复方法主要有物理法、化学法和生物法等3种修复方式：①物理修复方式主要采用客土、换土、淋洗法等方法，物理法采用的工程措施适应性广、处理效果较为显著，但投资大，仅适用于小面积的重污染土壤修复；②化学修复需要加入土壤改良剂，改变重金属在土壤中的存在状态，降低其生物有效性和迁移性，化学法易于实施，但改良剂会与污染土壤中的物质发生反应，会产生二次污染的风险；③生物修复包括微生物修复法、植物修复法、土壤动物修复法等，此方法主要通过植物、动物、微生物的吸附、降解、固化等作用，对土壤污染物进行修复，具有成本低、无二次污染等优点。

赣南离子型稀土尾矿采用物理、化学及生物等多种方法相结合的修复方式进行综合治理。首先，通过物理措施主要是通过施工对废弃矿土壤表面进行平整修复，特别是对水土流失较为严重的边坡或河道周边进行加固。其次，利用化学修复方式，对硫酸铵等浸取剂、尾砂、重金属含量较高的土壤进行改良，譬如通过添加改良剂石灰或(和)有机肥等增加尾矿土壤肥力，不断改良土壤结构和性状。最后，利用生物方式进行修复，特别是通过选择本地矿区优势植物，在已修整和改良的土壤上进行植物的栽种，形成从草本植物到灌木、乔木的林地系统，逐渐恢复生态系统。

植物修复技术具有很大的应用价值和推广前景，已经成为近几年来国内外研究的热点。2016 年 7 月 14 日至 8 月 14 日，中央第四环境保护督察组对江西省开展了环境保护督察，并形成督察意见，督察指出稀土开采生态恢复治理滞后(环境保护部，2016)。2018 年 6 月 6 日至 16 日，中央第四环境保护督察组对江西省赣州市稀土生态修复治理缓慢问题整改情况进行督察，发现稀土矿山修复治理不严不实(生态环境部，2018)。稀土矿区所在地需要建立以高附加值矿山生态修复为主的新型经济体，充分利用废弃稀土矿山资源，带动稀土矿山修复高附加值林木种植产业发展，实现经济增长和生态修复双赢(中国地质调查局，2020)。

笔者通过实地调研发现，目前稀土矿区植物修复仍然存在着两大问题：①矿区植物修复效果参差不齐。以龙南足洞无主尾矿为例，虽然早期桉树栽种较为成功，但造成大面积土壤板结，树下其他植物存活率较低；其次，许多树种的引入并不成功，如定南某矿区栽种的杨柳成活率较低；再者，陡坡固土效果不佳，水土流失仍然严重，植物不能扎根繁殖。②微生物菌肥难以在尾矿土壤使用。尽管微生物菌肥受到市场的青睐，然而现今用于增加土壤肥力及改善土壤性质的力度不够，在稀土尾矿区土壤修复中的应用案例更是寥寥无几。

在矿山尾矿的植物修复过程中，植物能够改善土壤结构并且产生出大量的化合物，从而使得土壤微生物群落得到发展。土壤微生物群落的发展主要表现在微生物多样性以及生态功能的改变，因此，土壤微生物多样性是研究植物修复对矿山尾矿修复效果的重要指标。土壤微生物多样性是指土壤中所含全部微生物的种类、基因以及这些微生物与微生物之间、微生物与环境之间相互作用的多样化程度(Ma et al.，2016)，主要包括群落、种群、物种、基因四个层次。本研究旨在通过对污染胁迫下土壤中微生物群落的种群结构和多样性及其动态变化进行解析，可更真实、准确地揭示微生物间的生态关系，明确生态系统的结构与功能，能够从本质上对土壤微生物多样性及其与环境之间的关系产生系统的认识，以期更好地利用植物修复技术达到修复或治理稀土矿区土壤污染的目的。目前，相关研究较少，本研究将以赣南稀土矿区三种不同类型样地土壤为研究对象，分析植物修复方式对土壤微生物群落结构和功能的影响。

3.2 研究内容

3.2.1 不同修复方式对土壤性质的影响

3.2.1.1 土壤理化性质

本研究首先对离子型稀土尾矿三种类型样地的土壤理化性质进行分析，结果发现与未经修复的尾矿样地土壤空白对照相比，湿地松修复后的土壤并未改变酸碱性，pH 均为7.2左右，呈低碱性，原因很可能是土壤多年的自然恢复对pH改善发挥了一定作用。经单纯湿地松修复方式修复后，尾矿土壤中的硫酸根含量较对照土壤显著增加了152%（$p<0.05$），而其他理化性质没有发生明显的变化；经湿地松+改良土壤的修复方式修复后，土壤中的硫酸根、总氮、有机质、有机碳、总磷、有效磷的含量较对照土壤均显著上升（$p<0.05$），分别上升了172%、196%、342%、351%、1221%、837%，而硝态氮与铵态氮的含量却没有明显变化（如表3-1所示），这表明改良的土壤对土壤性质有显著影响。

如图3-1所示，同时对单纯湿地松修复方式修复的土壤、湿地松+改良土壤修复方式修复的土壤与未修复尾矿土壤进行主成分分析，其中第一主坐标轴解释了样品中所有差异的87.37%，第二主坐标轴解释了样品中所有差异的8.28%，两坐标轴总共解释了样品中所有差异的95.65%。在所有变量中，硫酸根、总氮、有机质、有机碳、总磷、有效磷均与第一主坐标轴呈正相关，因此受上述变量因素影响，在第一主坐标轴的正半轴上，湿地松+改良土壤修复过的样地能够与其他样地明显区分开来。同样地，在第二主坐标轴上，单纯湿地松修复过的土壤与未修复的尾矿土壤也有所区别。

3.2.1.2 土壤金属元素含量

除了对土壤理化性质进行分析外，本研究还对稀土矿区三种类型样地的土壤微量元素进行了分析，结果发现与未经修复的尾矿土壤相比，单纯湿地松修复方式并未显著改变土壤的微量元素含量；而经湿地松+改良土壤的修复方式修复后，土壤中铽、镝、钬、铒、铥、镱、镥、钇等稀土元素与金属元素铝和钾等的含量均显著降低（$p<0.05$），分别降低了62.06%、66.04%、67.73%、69.78%、71.27%、72.17%、72.5%、72.42%、28.85%、72.12%，金属元素镁的含量却明显增加了207%（$p<0.05$）（见表3-2）。

对单纯湿地松修复方式修复的土壤、湿地松+改良土壤修复方式修复的土壤与未修复尾矿土壤的微量元素组成进行了主成分分析（图3-2），其中第一主坐标轴解释了样品中所有差异的95.52%，第二主坐标轴解释了样品中所有差异的3.24%，两坐标轴总共解释了样品中所有差异的98.76%。在所有变量中，金属元素镁与第一主坐标轴呈正相关关系，而铒、镱、钇、铝和钾元素与第一主坐标轴呈负相关关系；湿地松+改良土壤受镁元素含量的影响较大，分布在第一主坐标轴的正半轴上，从而与其他两种类型土壤区分开。其他两种类型土壤受铒、镱、钇、铝和钾含量的影响较大，分布在第一主坐标轴的负半轴上，区分度较小。

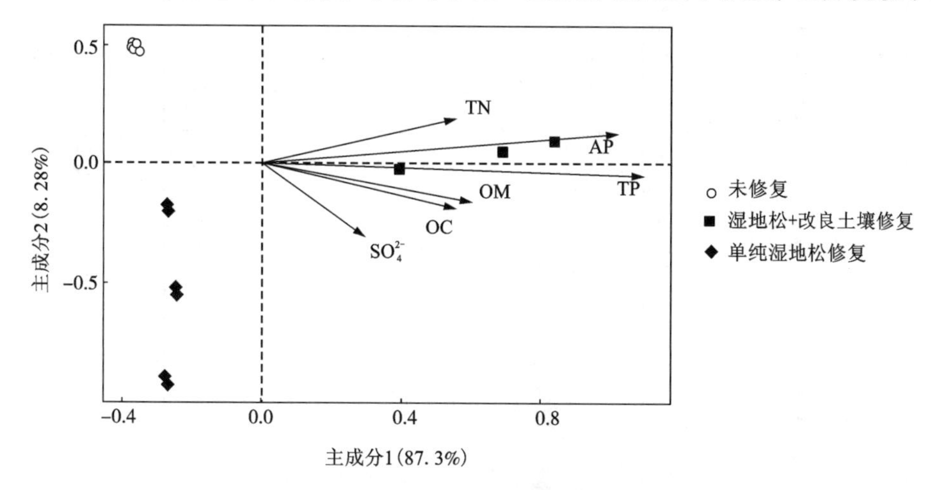

图3－1　稀土尾矿三种类型样地土壤理化性质的主成分分析

未修复：未经修复的尾矿土壤作为对照；湿地松+改良土壤修复：湿地松+改良土壤修复方式修复的土壤；单纯湿地松修复：单纯湿地松修复方式修复的土壤；TN：总氮(total nitrogen)；OM：有机质(organic matter)；OC：有机碳(organic carbon)；TP：总磷(total phosphorus)；AP：有效磷(available phosphorus)。

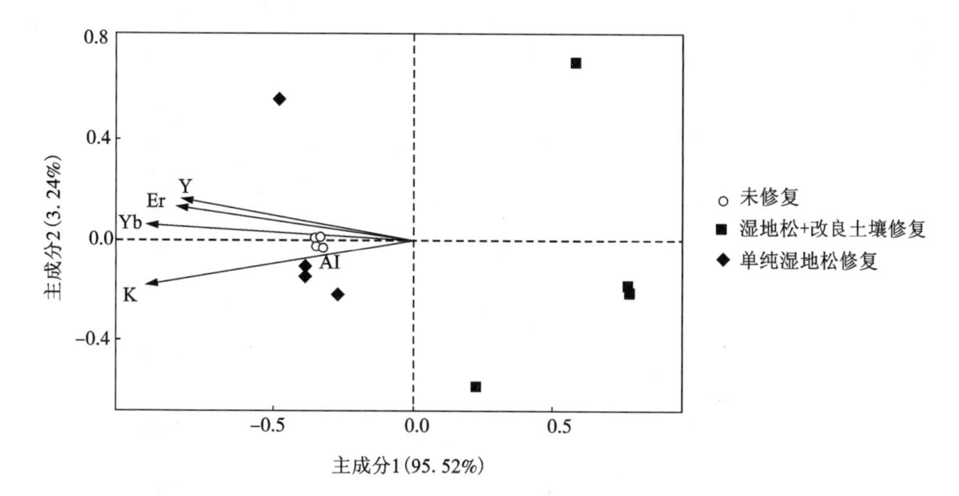

图3－2　稀土尾矿三种类型样地土壤微量元素的主成分分析

表 3-1　离子型稀土尾矿三种类型样地的土壤理化性质

修复方式	硫酸根/($g \cdot kg^{-1}$)	硝态氮/($mg \cdot kg^{-1}$)	铵态氮/($mg \cdot kg^{-1}$)	总氮/($g \cdot kg^{-1}$)	有机质/($g \cdot kg^{-1}$)	有机碳/($g \cdot kg^{-1}$)	总磷/($g \cdot kg^{-1}$)	有效磷/($mg \cdot kg^{-1}$)	pH
未修复	0.16 ±0.00 a	2.18 ±0.01 a	12.42 ±0.01 a	0.08 ±0.00 a	1.81 ±0.00 a	1.02 ±0.01 a	0.04 ±0.00 a	2.13 ±0.01 a	7.27 ±0.01 a
湿地松+改良土壤	0.45 ±0.05 b	3.01 ±0.91 a	13.91 ±2.52 a	0.24 ±0.05 b	7.98 ±1.44 b	4.60 ±0.82 b	0.57 ±0.21 b	19.93 ±3.90 b	7.23 ±0.04 a
单纯湿地松	0.41 ±0.03 b	1.47 ±0.43 a	11.02 ±0.83 a	0.05 ±0.00 a	2.85 ±0.60 a	2.02 ±0.07 a	0.06 ±0.00 a	1.96 ±0.10 a	7.20 ±0.08 a

表中的数据表示为平均值 ± 标准差；每列中的不同字母代表显著差异($p < 0.05$)。

表 3-2　离子型稀土尾矿三种类型样地的土壤微量元素含量

修复方式	钆/($\mu g \cdot g^{-1}$)	铽/($\mu g \cdot g^{-1}$)	镝/($\mu g \cdot g^{-1}$)	钬/($\mu g \cdot g^{-1}$)	铒/($\mu g \cdot g^{-1}$)	铥/($\mu g \cdot g^{-1}$)	镱/($\mu g \cdot g^{-1}$)	镥/($\mu g \cdot g^{-1}$)	钇/($\mu g \cdot g^{-1}$)	钙/%	锰/($\mu g \cdot g^{-1}$)	铝/%	钾/%	镁/%
未修复	20.70 ±0.00 ab	4.56 ±0.00 b	33.81 ± 0.03 b	7.50 ± 0.01 b	26.31 ± 0.00 b	4.42 ± 0.00 b	33.42 ± 0.01 b	5.17 ± 0.01 b	227.33 ± 1.53 b	0.03 ± 0.00 a	348.67 ± 0.58 a	11.82 ± 0.02 b	4.77 ± 0.02 b	0.09 ± 0.00 a
湿地松+改良土壤	9.52 ± 1.52 a	1.73 ± 0.29 a	11.48 ± 2.10 a	2.42 ± 0.50 a	7.95 ± 1.85 a	1.27 ± 0.37 a	9.30 ± 3.19 a	1.42 ± 0.50 a	62.70 ± 10.66 a	0.07 ± 0.02 a	433.00 ± 15.50 a	8.41 ± 0.85 a	1.33 ± 0.64 a	0.27 ± 0.06 b
单纯湿地松	22.35 ± 5.41 b	5.05 ± 1.22 b	38.57 ± 8.93 b	8.64 ± 1.84 b	30.60 ± 5.98 b	5.19 ± 0.92 b	40.50 ± 7.40 b	6.37 ± 1.09 b	238.17 ± 32.36 b	0.07 ± 0.03 a	344.33 ± 44.54 a	11.93 ± 0.16 b	4.94 ± 0.25 b	0.09 ± 0.01 a

表中的数据表示为平均值 ± 标准差；每列中的不同字母代表显著差异($p < 0.05$)。

3.2.1.3　土壤酶活性质

本研究还对稀土矿区三种类型样地的土壤酶活进行了分析，结果发现：与未经修复的尾矿土壤相比，单纯湿地松修复方式仅仅使土壤的蛋白酶活性显著增加了155%（$p<0.05$）；而经湿地松+改良土壤的修复方式修复后，土壤中脲酶、磷酸酶、蔗糖酶、蛋白酶、过氧化氢酶、多酚氧化酶的活性均有明显增加（$p<0.05$），增加量分别为38.50%、53.35%、34.69%、269%、25.84%、65.03%（表3－3），这表明湿地松+改良土壤的修复方式明显改善了尾矿土壤的酶活。

对单纯湿地松修复方式修复的土壤、湿地松+改良土壤修复方式修复的土壤与未修复尾矿土壤的酶活组成进行主成分分析（图3－3），其中第一主坐标轴解释了样品中所有差异的76.85%，第二主坐标轴解释了样品中所有差异的14.89%，两坐标轴累计解释了样品中所有差异的91.74%。在所有变量中，脲酶、磷酸酶、蔗糖酶、蛋白酶、过氧化氢酶、多酚氧化酶均与第一主坐标轴呈正相关，受上述酶活影响，湿地松+改良土壤修复过的样地能够明显地与对照组土壤区分开来，分布在第一主坐标轴的正半轴上。而单纯湿地松修复方式受土壤蛋白酶活的影响较大，能够与对照组土壤区分开来，分布在第二主坐标轴的负半轴上。

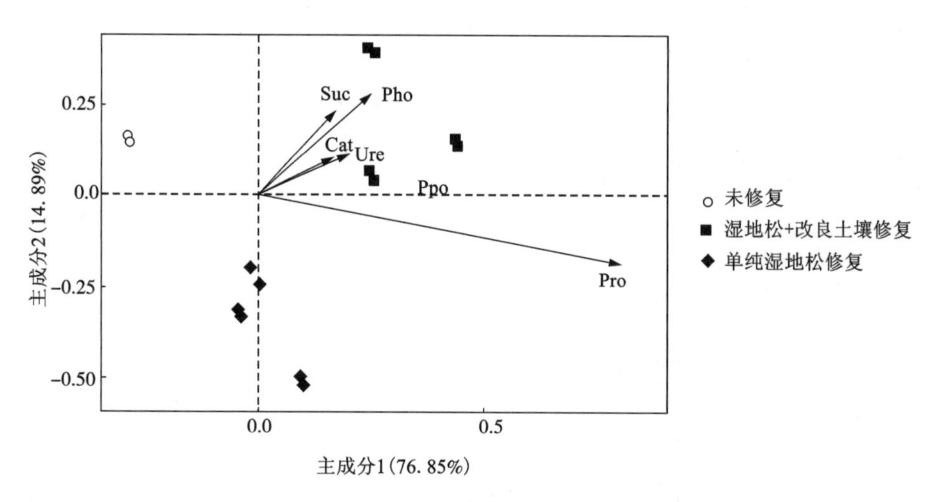

图3－3　稀土尾矿三种类型样地土壤酶活的主成分分析

所测土壤酶包括，Suc：蔗糖酶（Sucrase）；Pho：磷酸酶（Phosphatase）；Cat：过氧化氢酶（Catalase）；Ure：脲酶（Urease）；Ppo：多酚氧化酶（Polyphenol oxidase）；Pro：蛋白酶（Protease）。

本研究还对稀土矿区三种类型土壤微量元素含量与土壤理化性质和酶活进行了相关性分析（如表3－4所示）。结果发现，在未修复稀土尾矿土壤中，稀土元素钇与蛋白酶呈显著正相关（$r=0.830$，$p<0.05$）；在湿地松+改良土壤修复方式修复过的土壤中，稀土元素镱与磷酸酶呈显著正相关（$r=1.000$，$p<0.05$），金属

表 3-3　离子型稀土尾矿三种类型样地的土壤酶活

修复方式	脲酶/ [μg·(g·h)$^{-1}$]	磷酸酶/ [μg·(g·h)$^{-1}$]	蔗糖酶/ [mg·(g·24 h)$^{-1}$]	蛋白酶/ [μg·(g·48 h)$^{-1}$]	过氧化氢酶/ [mg·(g·20 min)$^{-1}$]	多酚氧化酶/ [μg·(g·3 h)$^{-1}$]
未修复	34.73 ±0.03 a	49.93 ±0.09 a	5.16 ±0.02 a	44.57 ±0.32 a	0.89 ±0.00 a	196.33 ±0.88 a
湿地松 + 改良土壤	48.10 ±1.95 b	76.57 ±7.96 b	6.95 ±0.59 b	164.67 ±26.30 b	1.12 ±0.07 b	324.00 ±23.00 b
单纯湿地松	35.53 ±1.66 a	44.07 ±2.32 a	4.75 ±0.60 a	113.67 ±8.41 b	0.84 ±0.02 a	235.00 ±44.53 ab

表中的数据表示为平均值 ± 标准差；每列中的不同字母代表显著差异($p<0.05$)。

表 3-4　土壤微量元素与理化性质以及酶活之间的相关性

	未修复				湿地松 + 改良土壤修复				单纯湿地松修复			
	镱	钇	钾	镁	镱	钇	钾	镁	镱	钇	钾	镁
有效磷	无	无	无	无	无	无	无	无	无	无	无	无
有机质	无	无	无	无	无	无	无	0.999*	无	无	无	无
总磷	无	无	无	无	无	无	无	无	无	无	无	无
总氮	无	无	无	无	无	无	无	无	1.000*	无	无	无
硫酸根	无	无	无	无	无	无	无	无	无	无	无	无
脲酶	无	无	无	无	无	无	无	无	无	无	无	无
磷酸酶	无	无	无	无	1.000*	无	无	无	无	无	1.000**	无
蔗糖酶	无	无	无	无	无	无	无	无	无	无	无	无
蛋白酶	无	0.830*	无	无	无	无	无	无	无	无	无	无
过氧化氢酶	无	无	无	无	无	无	无	无	无	无	无	无
多酚氧化酶	无	无	无	无	无	无	-0.998*	无	无	无	无	无

** 表示极显著相关性，$p<0.01$；* 表示显著相关性，$p<0.05$；“无”表示无显著相关性。

元素镁与有机质呈显著正相关($r=0.999$, $p<0.05$)，金属元素钾与多酚氧化酶呈显著负相关($r=-0.998$, $p<0.05$)；在单纯湿地松修复方式修复的土壤中，稀土元素镱与总氮呈显著正相关($r=1.000$, $p<0.05$)，金属元素钾与磷酸酶呈极显著正相关($r=1.000$, $p<0.01$)。

3.2.2　不同修复方式对土壤微生物的影响

3.2.2.1　不同修复方式对土壤细菌的影响

通过对所有土壤样品的细菌 16SrDNA 进行基因测序，共获得高质量序列 600283 条。与数据库对比后共获得序列 432449 条，约占全部序列的 72.04%，被确定为细菌序列，因此每个土壤样品含有 16727 至 35531 个细菌序列。基于 97% 的序列相似度聚类，得到 2462 个 OTU，每个样品含有 713 ~ 1335 个 OTU (表3-5)。

表3-5　离子型稀土尾矿三种类型样地土壤细菌序列和 OTU 数

参数	修复方式		
	未修复(CT)	湿地松+改良土壤(PS)	单纯湿地松(PT)
序列数	22376 ±1932 a	24586 ±1506 a	25113 ±6514 a
覆盖范围/%	68.54 ±3.13 a	72.74 ±2.82 a	74.19 ±11.79 a
OTU 数量	1008 ±246 a	1159 ±172 a	983 ±219 a

表中的数据为平均值±标准差；每列中的不同字母代表显著性差异($p<0.05$)。

如图3-4所示，对离子型稀土尾矿三种类型样地土壤细菌物种丰富度和香农指数进行了分析。结果显示，与未修复尾矿土壤相比，湿地松修复+改良土壤修复后根际土壤细菌的物种丰富度和香农指数均显著上升($p<0.05$)，分别上升了 55.97%、20.52%；单纯湿地松修复后的根际土壤细菌的物种丰富度也有显著增加($p<0.05$)，增加了 38.18%，但香农指数变化并不明显。上述结果表明，单纯湿地松修复方式使离子型稀土尾矿土壤细菌的物种总数显著上升，湿地松+改良土壤的修复方式能够使离子型稀土尾矿土壤细菌的物种总数和群落多样性均上升显著，因此湿地松修复改变了离子型稀土尾矿土壤细菌的 α-多样性。

基于 weighted unifrac 距离的主坐标分析发现，湿地松+改良土壤修复方式和单纯湿地松修复方式距离较近，两者和未修复尾矿土壤的细菌群落结构有明显差异(图3-5)。其中第一主坐标轴解释了微生物结构变异度的 53.60%，第二主坐标轴解释了微生物结构变化的 15.89%，两坐标轴累计解释了微生物结构变化的 69.49%，而且第一主坐标轴可以明显将未修复尾矿土壤细菌群落与经湿地松修复的根际土壤细菌群落区分开($p<0.01$)。因此，湿地松修复对离子型稀土尾矿土壤细菌的β-多样性也有显著影响。

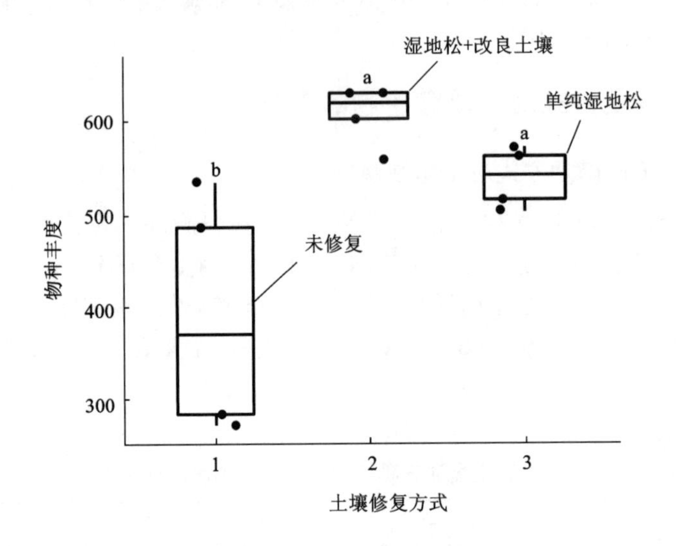

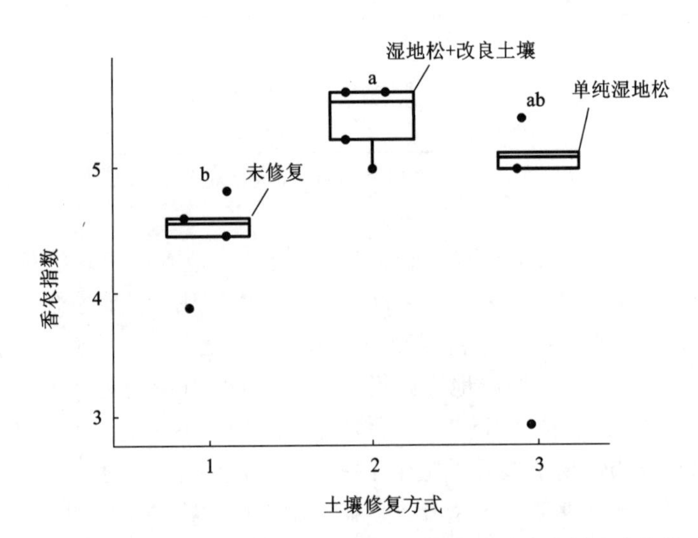

图3-4　离子型稀土尾矿三种类型土壤细菌物种丰度和香农指数

1—未修复；2—湿地松+改良土壤；3—单纯湿地松修复；

图中不同字母代表不同样品的α-多样性之间有显著性差异。

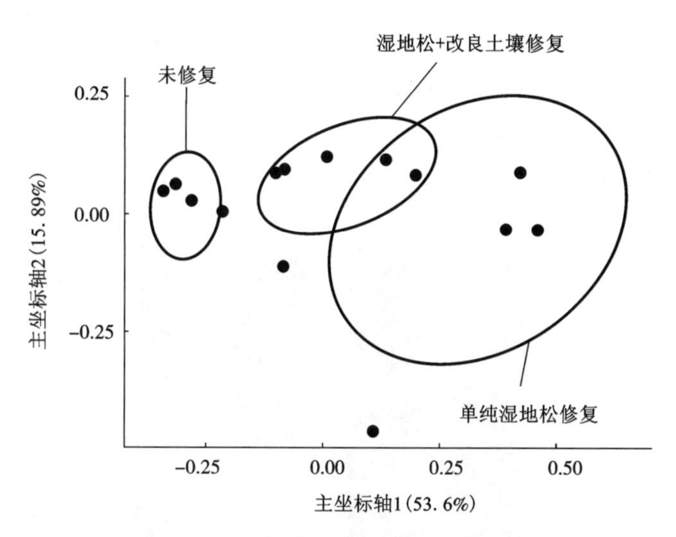

图 3-5　基于 weighted unifrac 距离的细菌群落结构的主坐标分析

在微生物物种组成方面，共鉴定到细菌10门23纲31目69科97属。结果表明，在细菌门水平上，土壤的优势细菌菌群包括变形菌门(Proteobacteria)、放线菌门(Actinobacteria)、酸杆菌门(Acidobacteria)、拟杆菌门(Bacteroidetes)和厚壁菌门(Firmicutes)，它们在三种类型土壤中的相对丰度均大于1%(表3-6)。湿地松修复稀土尾矿土壤后，细菌主要门的相对丰度发生了显著改变(图3-6，表3-6)。相对于未修复土壤，单纯湿地松修复和湿地松+改良土壤修复后的土壤酸杆菌门相对丰度显著增加，分别增加了583%和1054%；拟杆菌门相对丰度分别显著降低了70.56%和29.28%；湿地松+改良土壤的修复方式并未改变土壤放线菌门的相对丰度，而单纯湿地松修复后的土壤放线菌门相对丰度显著提高了247%。

在细菌纲水平上(图3-7，表3-7)，属于酸杆菌门的Acidobacteria Gp1纲相对丰度增加显著($p<0.05$)，相对于尾矿未修复土壤，单纯湿地松修复和湿地松+改良土壤修复后的土壤分别增加了826%和759%；对于Acidobacteria Gp2纲，单纯湿地松修复后并未明显改变其相对丰度，但湿地松+改良土壤修复后却显著增加了6300%($p<0.05$)；对于Acidobacteria Gp3纲，两种类型修复后土壤中其相对丰度都有显著增加($p<0.05$)，分别增加了406%、512%。属于拟杆菌门的拟杆菌纲(Bacteroidia)相对丰度却在两种类型土壤中显著降低($p<0.05$)，分别降低了75.6%、36.6%；属于厚壁菌门的梭菌纲(Clostridia)相对丰度也有明显减少($p<0.05$)，在两种类型土壤中分别降低了62.6%和80.8%。属于放线菌门的放线菌纲(Actinobacteria)，湿地松+改良土壤的修复方式并未显著改变其相对丰

度，而单纯湿地松修复后其相对丰度显著增加了247%（$p<0.05$）。属于变形菌门的α－变形菌纲（Alphaproteobacteria）在湿地松＋改良土壤修复后也没有显著变化，而单纯湿地松修复后其相对丰度显著增加了104%（$p<0.05$）；γ－变形菌纲（Gammaproteobacteria）在湿地松＋改良土壤的修复后其相对丰度也没有显著改变，而单纯湿地松的修复后其相对丰度则显著降低了57.72%（$p<0.05$）。

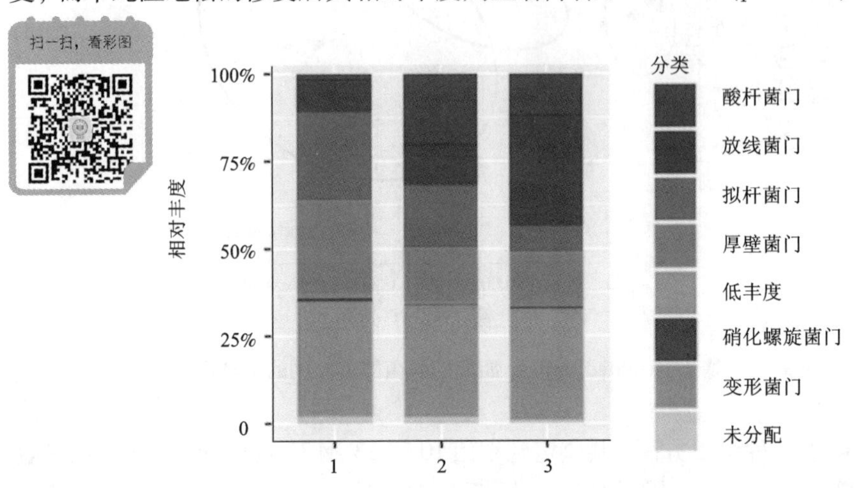

图3－6　土壤细菌主要门水平相对丰度的变化

1—未修复；2—湿地松＋改良土壤；3—单纯湿地松修复

表3－6　离子型稀土尾矿三种类型土壤细菌主要门水平差异　　单位：%

门类型	修复方式		
	未修复	湿地松＋改良土壤	单纯湿地松
变形菌门	33.14 ±1.94 a	31.94 ±2.60 a	32.06 ±4.99 a
放线菌门	9.04 ±1.22 a	11.28 ±1.46 a	31.34 ±8.05 b
酸杆菌门	1.78 ±0.74 a	20.54 ±3.53 c	12.16 ±1.81 b
拟杆菌门	25.34 ±2.63 c	17.92 ±1.74 b	7.46 ±2.54 a
厚壁菌门	27.20 ±1.93 a	15.74 ±4.54 a	15.67 ±11.44 a
硝化螺旋菌门	0.66 ±0.20 a	0.27 ±0.07 a	0.34 ±0.32 a

表中的数据为平均值±标准差；每列中的不同字母代表显著差异（$p<0.05$）。

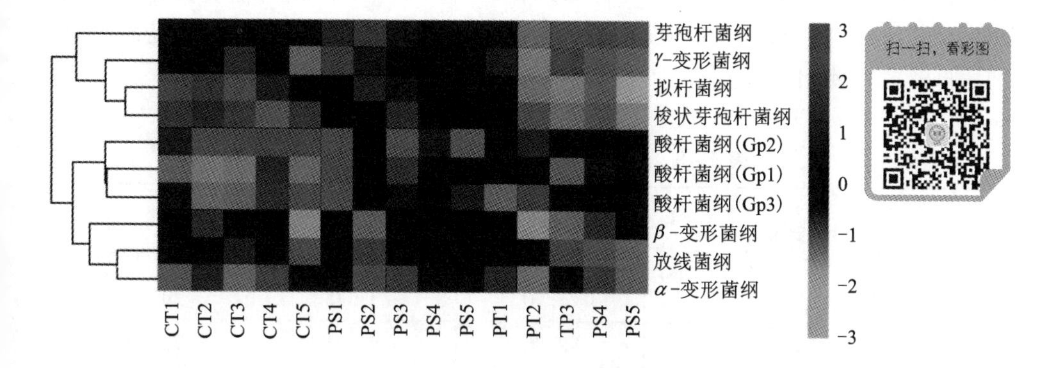

图 3-7　所有土壤样品细菌纲水平聚类分析热图

图 3-7 显示了不同尾矿样地土壤中排名前 10 的细菌纲水平的相对丰度，其中颜色较深代表对应样本中丰度较高的纲，颜色较浅代表样本中丰度较低的纲；纵向表示各样品在纲水平上群落组成的相似性。

表 3-7　离子型稀土尾矿三种类型土壤细菌主要纲水平差异　　单位：%

纲类型	修复方式		
	未修复	湿地松 + 改良土壤	单纯湿地松
放线菌纲	9.04 ±2.73 a	11.28 ±3.27 a	31.34 ±18.00 b
α-变形菌纲	7.91 ±1.33 a	13.15 ±4.34 ab	16.18 ±6.76 b
拟杆菌纲	23.40 ±5.81 c	14.83 ±4.93 b	5.72 ±5.68 a
酸杆菌纲 Gp1	0.87 ±0.19 a	7.47 ±3.47 b	8.06 ±3.68 b
γ-变形菌纲	18.64 ±7.30 b	11.41 ±3.40 ab	7.88 ±5.22 a
β-变形菌纲	6.13 ±2.49 a	5.97 ±1.70 a	7.42 ±4.81 a
酸杆菌纲 Gp2	0.17 ±0.16 a	10.88 ±4.14 b	2.27 ±0.59 a
梭状芽孢杆菌纲	12.68 ±2.43 b	2.43 ±2.20 a	4.74 ±1.23 a
芽孢杆菌纲	14.50 ±3.58 a	10.89 ±9.99 a	13.24 ±5.20 a
酸杆菌纲 Gp3	0.33 ±0.29 a	2.02 ±0.87 b	1.67 ±0.41 b

表中的数据表示平均值 ± 标准差；每列中的不同字母代表显著差异($p<0.05$)。

基于强相关性和显著相关性的共生网络分析，对离子型稀土尾矿三种不同类型土壤的细菌共生模式进行了探讨。为了降低共生网络的复杂性，以平均丰度超过 0.1% 的属水平上的细菌作为分析对象，结果显示，三种类型土壤细菌网络图的 OTU 占总 OTU 的比例较低，只有 22.70% ~35.78%，但相对丰度占总的比例较大，占比为 78.86% ~88.80%(表 3 -8)，这表明共生网络中的细菌是该土壤细菌群落的主要组成部分。

表 3 -8 土壤细菌共生网络图的拓扑特性

网络图指标	修复方式		
	未修复	湿地松 + 改良土壤	单纯湿地松
OTUs 占比/%	22.70	35.78	29.24
总相对丰度/%	88.80	82.13	78.86
节点数	66	72	71
边数	204	335	382
正相关数	122	204	229
负相关数	82	131	153
平均路径长度	4.47	3.81	3.58
平均集聚系数	0.59	0.60	0.66
平均度	6.18	9.31	10.76
模块数 *	3	4	4
模块性	2.07	1.86	2.80

* 表示网络中≥5 个节点的模块数。

总体上讲，离子型稀土尾矿三种不同类型土壤细菌的生态网络有着明显差异。其中未修复尾矿土壤网络中有 66 个节点，204 条边，其中 122 条为正相关，82 条为负相关；湿地松 + 改良土壤修复后的土壤网络中有 72 个节点，335 条边，其中 204 条为正相关，131 条为负相关；单纯湿地松修复后的土壤网络中有 71 个节点，382 条边，其中 229 条为正相关，153 条为负相关。在这三种生态网络中，正相关数量均远远高于负相关数量；具有大于等于 5 个节点的模块数量为 3 ~4 个；与未修复尾矿土壤相比，湿地松 + 改良土壤修复和单纯湿地松修复后的土壤生态网络的平均聚类系数、平均度明显上升，而平均路径长度显著降低；相比于未修复尾矿土壤网络的模块性，湿地松 + 改良土壤修复后网络模块性更低，单纯湿地松修复后网络模块性则更高(图 3 -8，表 3 -8)。

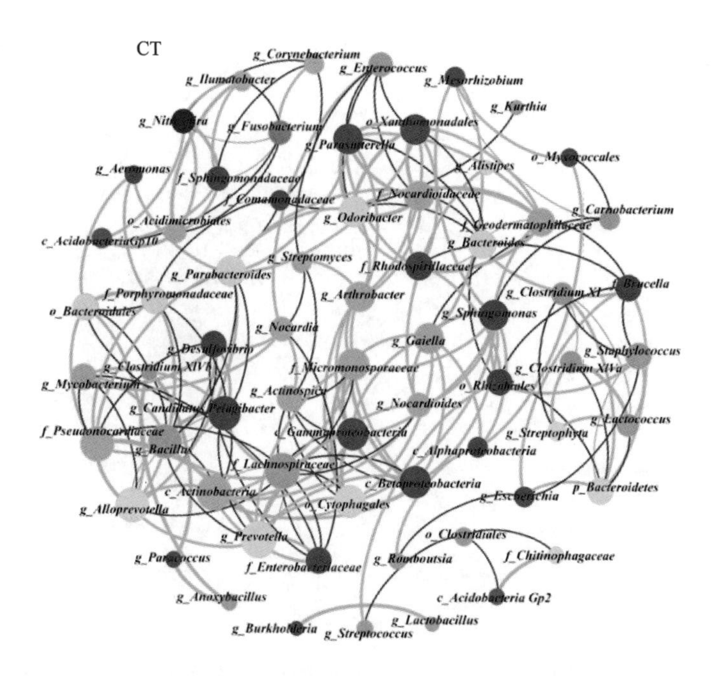
CT
g_Corynebacterium
g_Enterococcus
g_Ilumatobacter
g_Mesorhizobium
g_Kurthia
g_Fusobacterium
o_Xanthomonadales
g_Parasutterella
g_Aeromonas
f_Sphingomonadaceae
g_Alistipes
o_Myxococcales
f_Comamonadaceae
f_Nocardioidaceae
o_Acidimicrobiales
g_Odoribacter
g_Carnobacterium
c_AcidobacteriaGp10
f_Geodermatophilaceae
g_Bacteroides
g_Streptomyces
f_Rhodospirillaceae
g_Parabacteroides
f_Brucella
f_Porphyromonadaceae
g_Arthrobacter
g_Clostridium XI
o_Bacteroidales
g_Sphingomonas
g_Nocardia
g_Desulfovibrio
g_Gaiella
g_Staphylococcus
g_Clostridium XlVb
f_Micromonosporaceae
g_Clostridium XlVa
g_Mycobacterium
o_Rhizobiales
g_Actinospica
g_Candidatus Pelagibacter
g_Nocardioides
g_Lactococcus
f_Pseudonocardiaceae
c_Gammaproteobacteria
g_Streptophyta
g_Bacillus
c_Alphaproteobacteria
f_Lachnospiraceae
c_Betaproteobacteria
c_Actinobacteria
g_Escherichia
p_Bacteroidetes
g_Alloprevotella
o_Cytophagales
g_Prevotella
o_Clostridiales
g_Paracoccus
f_Chitinophagaceae
f_Enterobacteriaceae
g_Raoultella
c_Acidobacteria Gp2
g_Anoxybacillus
g_Lactobacillus
g_Burkholderia
g_Streptococcus

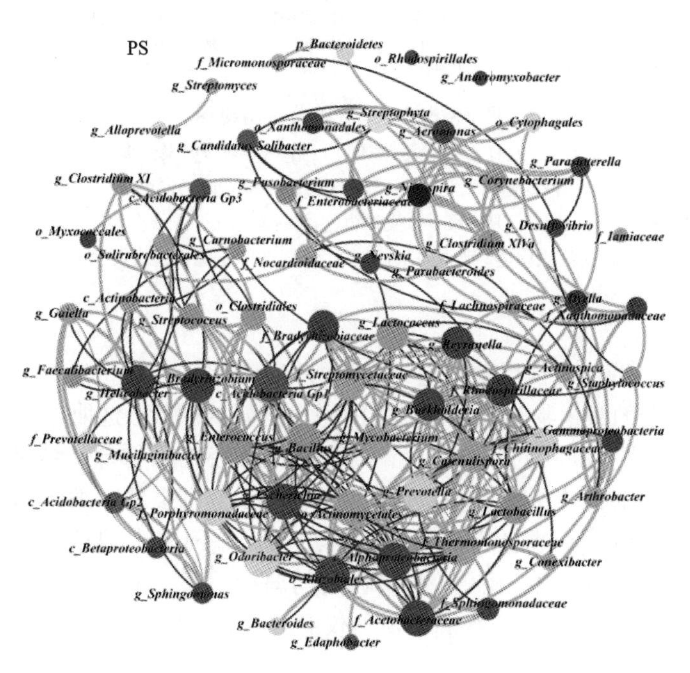
PS
p_Bacteroidetes
f_Micromonosporaceae
o_Rhodospirillales
g_Anaeromyxobacter
g_Streptomyces
g_Streptophyta
o_Xanthomonadales
o_Cytophagales
g_Alloprevotella
g_Aeromonas
g_Candidatus Solibacter
g_Parasutterella
g_Clostridium XI
g_Fusobacterium
g_Corynebacterium
c_Acidobacteria Gp3
g_Nitrospira
f_Enterobacteriaceae
g_Desulfovibrio
o_Myxococcales
f_Iamiaceae
g_Carnobacterium
g_Clostridium XlVa
o_Solirubrobacterales
g_Nevskia
f_Nocardioidaceae
g_Parabacteroides
c_Actinobacteria
f_Lachnospiraceae
o_Clostridiales
g_Gaiella
f_Xanthomonadaceae
g_Streptococcus
g_Lactococcus
f_Bradyrhizobiaceae
g_Reyranella
g_Actinospica
g_Faecalibacterium
g_Bradyrhizobium
f_Streptomycetaceae
g_Staphylococcus
c_Acidobacteria Gp1
f_Rhodospirillaceae
g_Helicobacter
g_Burkholderia
c_Gammaproteobacteria
f_Prevotellaceae
g_Enterococcus
g_Mycobacterium
f_Chitinophagaceae
g_Bacillus
g_Mucilaginibacter
g_Catenulispora
g_Prevotella
c_Acidobacteria Gp2
g_Escherichia
g_Arthrobacter
f_Porphyromonadaceae
o_Actinomycetales
g_Lactobacillus
f_Thermomonosporaceae
c_Betaproteobacteria
g_Odoribacter
c_Alphaproteobacteria
g_Conexibacter
o_Rhizobiales
g_Sphingomonas
f_Sphingomonadaceae
g_Bacteroides
f_Acetobacteraceae
g_Edaphobacter

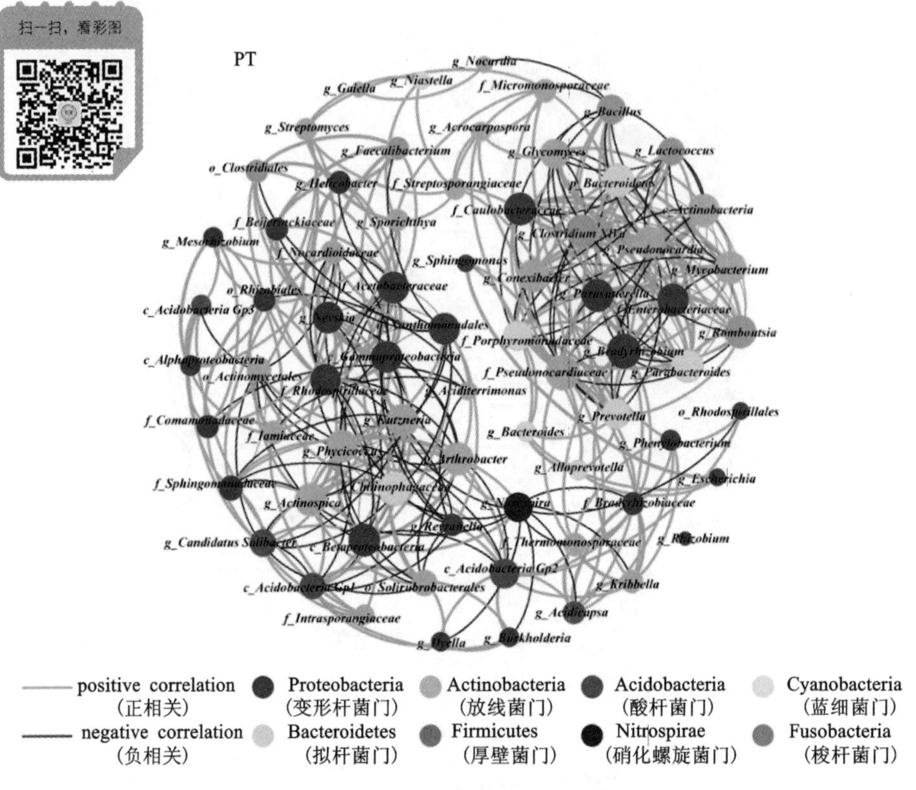

图 3-8　土壤细菌共生网络图

CT：未修复；PS：湿地松 + 改良土壤修复土壤；PT：单纯湿地松修复土壤。网络图中的连接代表相关性强（Spearman's $p > 0.6$）和显著相关性（$p < 0.01$）。网络中节点的不同颜色代表不同门水平的细菌，节点标签代表在 97% 相似水平下 OTU 最低分类等级（p_, c_, o_, f_, g_依次为门，纲，目，科，属），每个节点的大小与连接数（度）成比例，节点间灰色连线表示正相关，蓝色连线表示负相关。

网络的拓扑特性通常反映微生物之间的相互关系，为了简化微生物间的相互关系，去除冗余的微生物物种，对网络图做出更好的解读，选取相对丰度 >2%，度数 >5，中间性 <1000 的节点作为网络图中的核心指示物种。结果发现，在未修复尾矿土壤生态网络中的核心指示物种有 4 个，分别隶属于细菌的变形菌门与拟杆菌门；在湿地松 + 改良土壤修复后的土壤生态网络中的核心指示物种有 8 个，隶属于变形菌门、拟杆菌门、酸杆菌门与厚壁菌门；在湿地松 + 改良土壤修复后的土壤生态网络中的核心指示物种仅有 3 个，隶属于放线菌门与变形菌门（表 3-9）。

表3-9　三种类型土壤细菌网络图中的核心指示物种

修复方式	物种信息	相对丰度/%
未修复	拟杆菌门；拟杆菌纲；拟杆菌目；紫单胞菌科；紫单胞菌属	8.82
	变形菌门；β-变形菌纲	2.61
	变形菌门；β-变形菌纲；伯克氏菌目；萨特菌科；毛螺旋菌属	2.56
	变形菌门；α-变形菌纲；鞘脂单胞菌目；鞘脂单胞菌科；鞘脂单胞菌属	2.24
湿地松+改良土壤	拟杆菌门；芽孢杆菌纲；芽孢杆菌目；芽孢杆菌科；芽孢杆菌属	6.22
	酸杆菌门；酸酐菌 Gp1 纲	6.19
	拟杆菌门；拟杆菌纲；拟杆菌目；紫单胞菌科	4.37
	拟杆菌门；拟杆菌纲；拟杆菌目；紫单胞菌科；紫单胞菌属	3.79
	厚壁菌门；芽孢杆菌纲；乳杆菌目；链球菌科；乳球菌属	2.84
	拟杆菌门；鞘脂杆菌纲；鞘脂杆菌目；噬几丁质杆菌属	2.65
	变形菌门；α-变形菌纲；根瘤菌目	2.09
	变形菌门；γ-变形菌纲；肠杆菌目；肠杆菌科；肠杆菌属	2.06
单纯湿地松	放线菌门；放线菌纲；放线菌目；放线菌科；丛生放线菌属	7.25
	放线菌门；放线菌纲；放线菌目；分枝杆菌科；分枝杆菌属	5.70
	变形菌门；γ-变形菌纲；肠杆菌目；肠杆菌科	2.37

物种信息包含在97%相似水平下OTU最低分类等级：门；纲；目；科；属。

为了确定单纯湿地松修复对土壤细菌功能多样性的影响，将测序获得的16S rDNA基因序列与KEGG数据库数据进行对比。结果发现，在KEGG level 1水平上，基因序列比对获得6个功能类群：新陈代谢（metabolism）、环境信息处理（environmental information processing）、遗传信息处理（genetic information processing）、细胞过程（cellular processes）、生物系统（organismal systems）、人类疾病（human disease）。单因素方差分析结果表明，湿地松+改良土壤修复方式显著改变了土壤细菌新陈代谢、环境信息处理、细胞过程、生物系统和人类疾病相关的功能基因（图3-9）；单纯湿地松修复方式显著改变了土壤新陈代谢、环境信息处理、遗传信息处理和生物系统相关的功能基因（图3-10）；湿地松+改良土壤修复方式与单纯湿地松修复方式的结果在人类疾病相关的功能基因上存在显著差异（图3-11）。

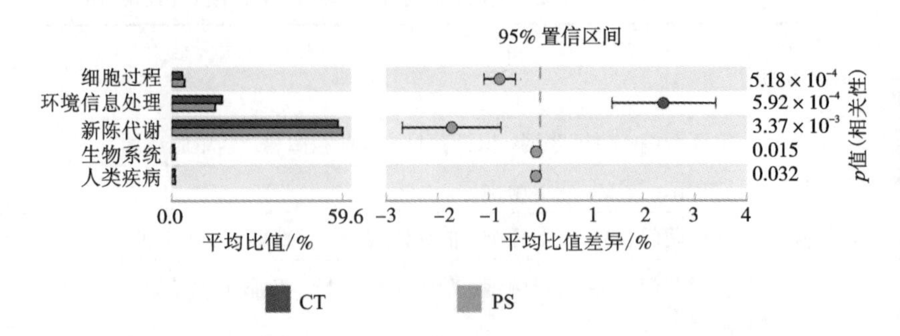

图 3-9　湿地松 + 改良土壤修复土壤与未修复尾矿土壤 KEGG level 1 水平上的功能差异

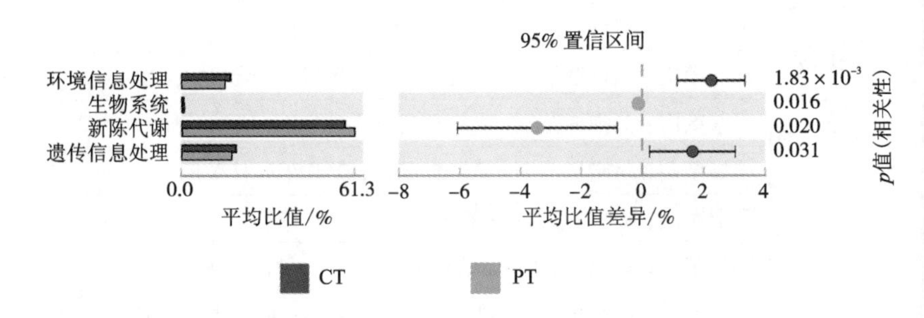

图 3-10　单纯湿地松修复土壤与未修复的尾矿土壤 KEGG level 1 水平上的功能差异

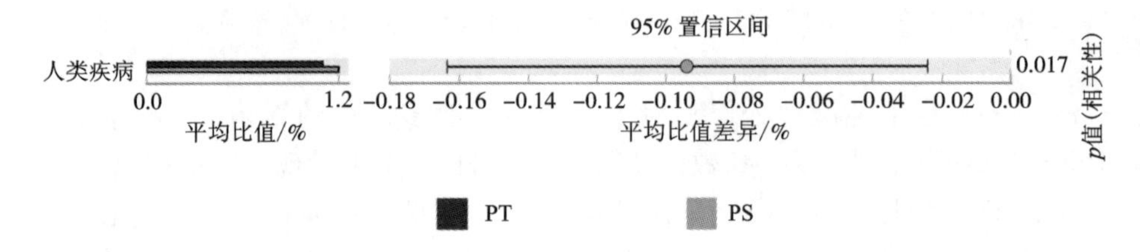

图 3-11　湿地松 + 改良土壤修复与单纯湿地松修复土壤 KEGG level 1 水平上的功能差异

通过与 KEGG 数据库对比发现，三种类型土壤样品共获得 61 条 KEGG level 3 水平的代谢通路，STAMP 统计翻译结果显示三类土壤样品共有 48 条差异显著的代谢通路，结果如图 3-12 所示。其中，单纯湿地松修复、湿地松 + 改良土壤修复土壤中有 20 条代谢通路的含量均明显高于未修复尾矿土壤($p<0.05$)；在单纯湿地松修复土壤中有 26 条代谢通路含量显著高于未修复尾矿土壤($p<0.05$)，而单纯湿地松修复与湿地松 + 改良土壤修复土壤之间、湿地松 + 改良土壤修复与未修复尾矿之间均无显著差异；其中 1 条参与“咖啡因代谢”(caffeine metabolism)的

代谢通路，在单纯湿地松修复土壤中的含量显著高于未修复尾矿土壤，也高于湿地松+改良土壤修复土壤($p<0.05$)；修复尾矿土壤中有且仅有1条代谢通路“核苷酸代谢”(nucleotide metabolism)含量显著高于两类修复过的土壤($p<0.05$)。

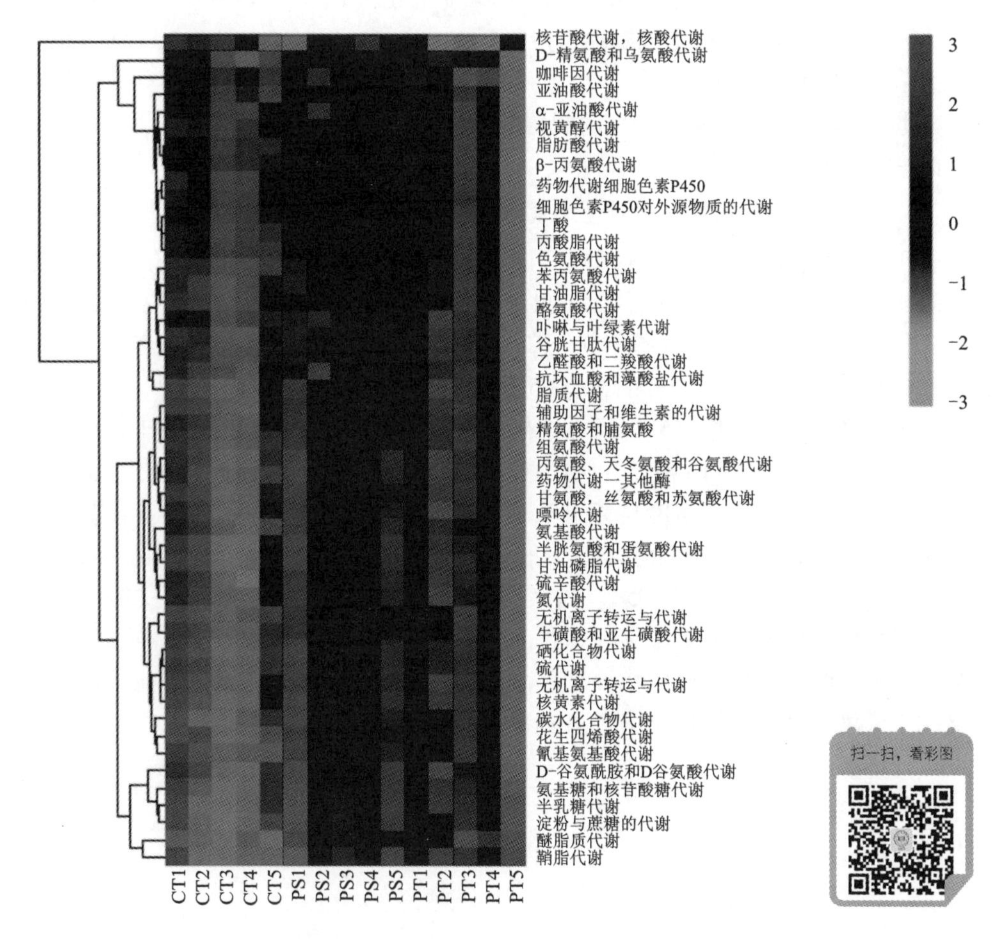

图3-12　离子型稀土尾矿三种类型土壤差异显著的代谢通路

将之前研究所得到的各土壤中相互联系的参数与该土壤细菌进行相关性分析，结果如表3-10所示。在未修复尾矿土壤中，Acidobacteria Gp2纲与钇含量、蛋白酶酶活均呈显著负相关($p<0.05$)，相关系数分别为-0.851、-0.835。在湿地松+改良土壤修复土壤中，Alphaproteobacteria纲与镱含量和磷酸酶活性均呈显著的正相关($p<0.05$)，相关系数分别为0.999、0.998，与镁和有机质含量均呈显著负相关($p<0.05$)，相关系数分别为-0.999、-0.997；Erysipelotrichia纲与镱含量和磷酸酶活性均呈显著的负相关($p<0.05$)，相关系数分别为-0.999、

−0.997，与镁和有机质含量均呈显著正相关($p<0.05$)，相关系数分别为 1.000、0.998；Caulobacterales 目与钾含量呈极显著正相关($r=1.000$，$p<0.01$)，与多酚氧化酶活性呈显著负相关($r=-0.998$，$p<0.05$)；Actinobacteria 纲与镁含量呈显著负相关($r=-0.999$，$p<0.05$)，与多酚氧化酶酶活呈极显著负相关($r=-1.000$，$p<0.01$)。在单纯湿地松修复后的土壤中，Betaproteobacteria 纲与镱含量、总氮呈极显著正相关($p<0.01$)，相关系数分别为 1.000、1.000；Solirubrobacterales 目与钾含量、磷酸酶活性呈显著负相关($p<0.05$)，相关系数分别为 −0.999、−0.999。

3.2.2.2 不同修复方式对土壤真菌的影响

所有土壤样品的真菌 ITS 基因测序共获得 710114 条高质量序列。通过数据库对比，共有 669929 条序列(占全部序列的 94.34%)被确定为真菌序列，每个样品含有 30461～39246 个真菌序列。基于 97% 序列相似度聚类，所有真菌序列分配到 908 个 OTU 中，每个样品含有 65 至 412 个 OTU(表 3−11)。

分析经单纯湿地松修复根际土壤与未修复尾矿土壤中的真菌物种丰富度和香农指数，结果如图 3−13 所示，与未修复尾矿土壤相比，湿地松＋改良土壤修复根际土壤真菌的物种丰富度显著上升了 83.11%($p<0.05$)，而香农指数变化不明显；单纯湿地松修复根际土壤真菌的物种丰富度无明显差异，真菌的香农指数显著降低了 26.38%($p<0.05$)。这表明湿地松＋改良土壤的修复方式能明显增加离子型稀土尾矿土壤真菌物种总数，但无法改变群落多样性，而单纯湿地松修复方式无法改善土壤真菌的物种总数，但群落多样性会显著降低，因此湿地松修复改变了离子型稀土尾矿土壤真菌的 α−多样性。

表3-10 离子型稀土尾矿三种类型土壤环境因子与细菌的相关性分析

		修复方式											
		未修复		湿地松+改良土壤						单纯湿地松			
		钇	蛋白酶	镱	磷酸酶	钾	过氧化物酶	镁	有机质	镱	总氮	钾	过氧化物酶
纲	放线菌纲	无	无	无	无	无	无	-0.999*	-1.000**	无	无	无	无
	α-变形菌纲	无	无	0.999*	0.998*	无	无	-0.999*	-0.997*	无	无	无	无
	酸杆菌纲 Gp2	-0.851*	-0.835*	无	无	无	无	无	无	无	无	无	无
	β-变形菌纲	无	无	无	无	无	无	无	无	1.000**	1.000**	无	无
	丹毒丝菌纲	无	无	-0.999*	-0.997*	无	无	1.000*	0.998*	无	无	无	无
目	柄杆菌目	无	无	无	无	1.000**	-0.998*	无	无	无	无	无	无
	土壤红杆菌目	无	无	无	无	无	无	无	无	无	无	-0.999*	-0.999*

** 表示极显著相关性，$p<0.01$；* 表示显著相关性，$p<0.05$；“无”表示无显著相关性。

表 3-11　离子型稀土尾矿三种类型土壤真菌序列和 OTU 数

参数	修复方式		
	未修复	湿地松 + 改良土壤	单纯湿地松
序列数	35412 ± 3566 a	38222 ± 1031 a	38021 ± 895 a
覆盖范围/%	94.98 ± 0.64 b	93.20 ± 0.71 a	94.93 ± 0.50 b
OTU 数量	91 ± 14 a	346 ± 61 c	191 ± 87 b

表中的数据表示平均值 ± 标准差；每列中的不同字母代表显著性差异($p < 0.05$)。

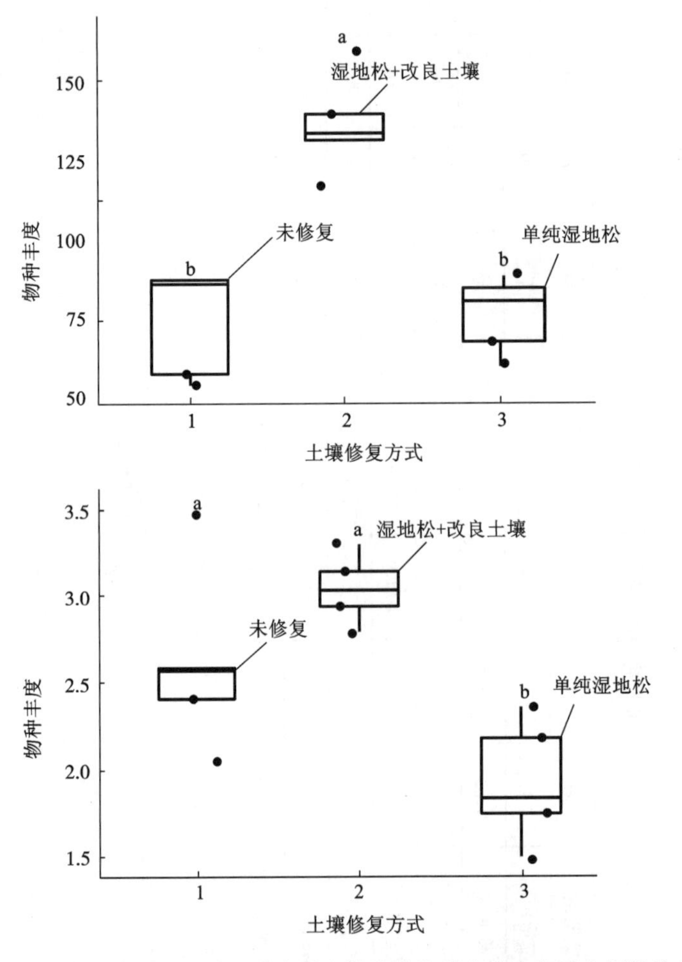

图 3-13　离子型稀土尾矿三种类型土壤真菌物种丰富度和香农指数的变化

1—未修复；2—湿地松 + 改良土壤；3—单纯湿地松修复；

图中不同小写字母代表不同样品的 α - 多样性之间有显著性差异。

基于 weighted unifrac 距离的主坐标分析表明，湿地松 + 改良土壤修复、单纯湿地松修复、未修复尾矿三者的真菌群落结构明显不同（图 3 – 14）。其中第一主坐标轴解释了微生物结构变化的 35.32%，第二主坐标轴解释了微生物结构变化的 18.91%，两坐标轴累计解释了微生物结构变化的 54.23%，且第二主坐标轴可以明显将未修复尾矿土壤与经湿地松修复根际土壤真菌群落区分开（$p < 0.01$）。因此，湿地松修复对离子型稀土尾矿土壤真菌 β – 多样性有显著影响。

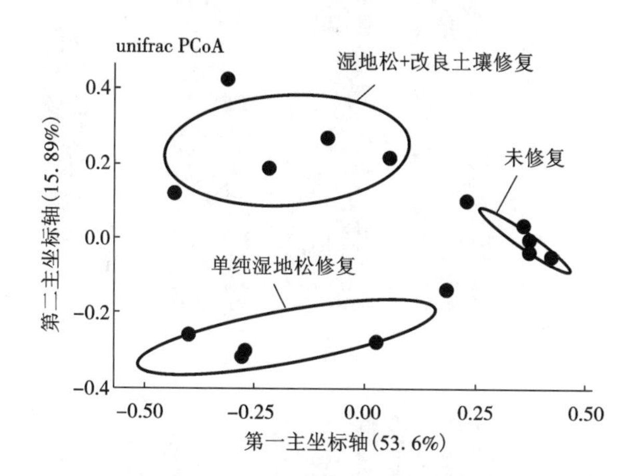

图 3 – 14 基于 weighted unifrac 距离的真菌群落结构的主成分分析

在真菌物种组成方面，共鉴定出从属 3 门 15 纲 30 目 48 科 64 属。研究结果表明，在门水平，真菌从属子囊菌门（Ascomycota）、担子菌门（Basidiomycota）、接合菌门（Zygomycota）3 门，湿地松修复显著降低了稀土尾矿土壤接合菌门的相对丰度（$p < 0.05$）。相对于未修复尾矿土壤，单纯湿地松修复、湿地松 + 改良土壤修复过的土壤接合菌门的相对丰度分别降低了 97.81%、94.06%，子囊菌门、担子菌门的相对丰度在三者间差异不显著（图 3 – 15、图 3 – 16）。

在纲水平上，湿地松修复显著改变了稀土尾矿土壤真菌主要纲的相对丰度（图 3 – 15、表 3 – 12）：相对于未修复尾矿土壤，属于子囊菌门的粪壳菌纲（Sordariomycetes）在土壤修复后相对丰度显著降低（$p < 0.05$），单纯湿地松修复、湿地松 + 改良土壤修复过的土壤分别降低了 64.72%、74.86%；座囊菌纲（Dothideomycetes）在土壤修复后的相对丰度也显著降低（$p < 0.05$），单纯湿地松修复、湿地松 + 改良土壤修复过的土壤分别降低了 89.19%、89.84%；属于接合菌门的毛霉亚门（Mucoromycotina）菌土壤修复后的相对丰度也显著降低（$p < 0.05$），单纯湿地松修复、湿地松 + 改良土壤修复土壤分别降低了 97.72%、94.06%。属于担子菌门的银耳纲（Tremellomycetes）相对丰度降低幅度较大（$p < 0.05$），单纯湿地松修复、湿地松 + 改良土壤修复土壤均降低了 99.91%；但是，

散囊菌纲(Eurotiomycetes)在土壤修复后的相对丰度显著增加($p<0.05$)，单纯湿地松修复、湿地松+改良土壤修复过的土壤分别增加了1210%、1245%。伞菌纲在(Agaricomycetes)土壤修复后的相对丰度并未发生明显改变。

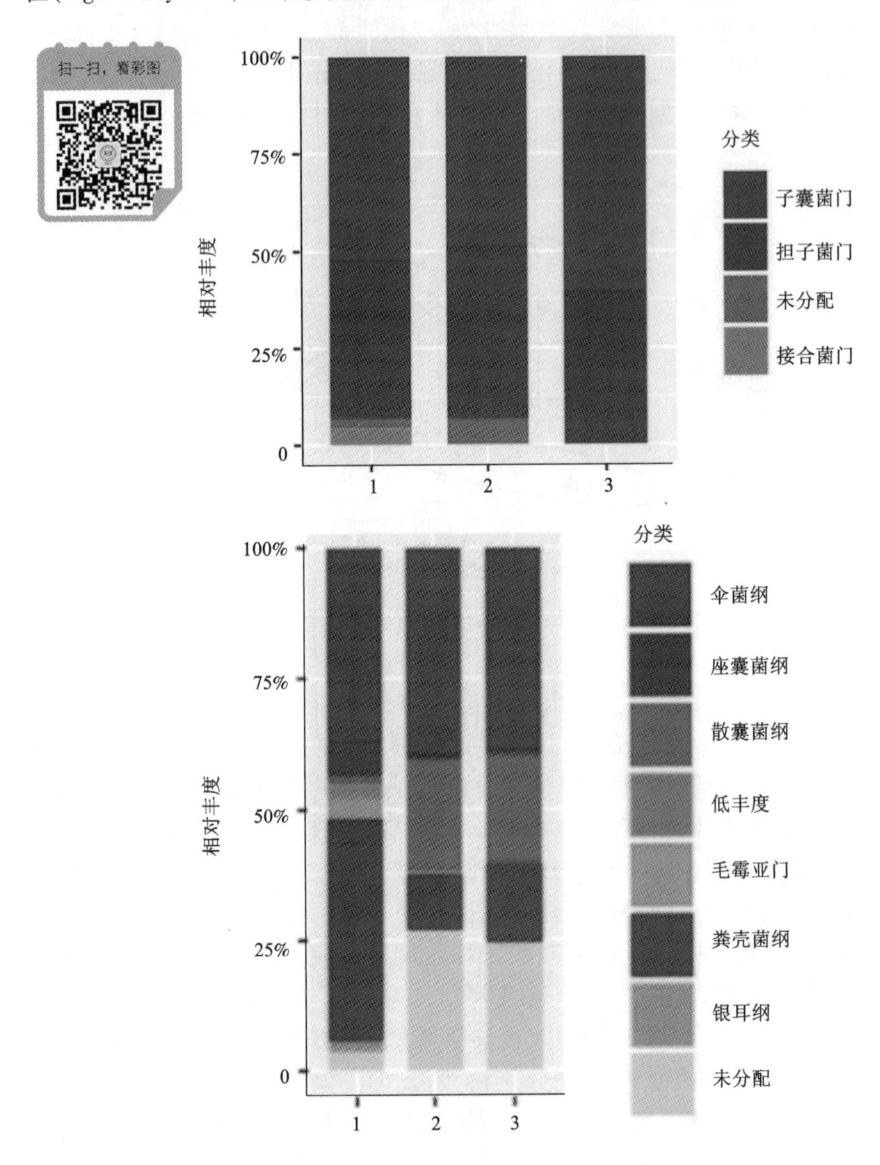

图3-15　离子型稀土尾矿三种类型土壤真菌主要门、纲相对丰度的变化

1—未修复；2—湿地松+改良土壤；3—单纯湿地松修复

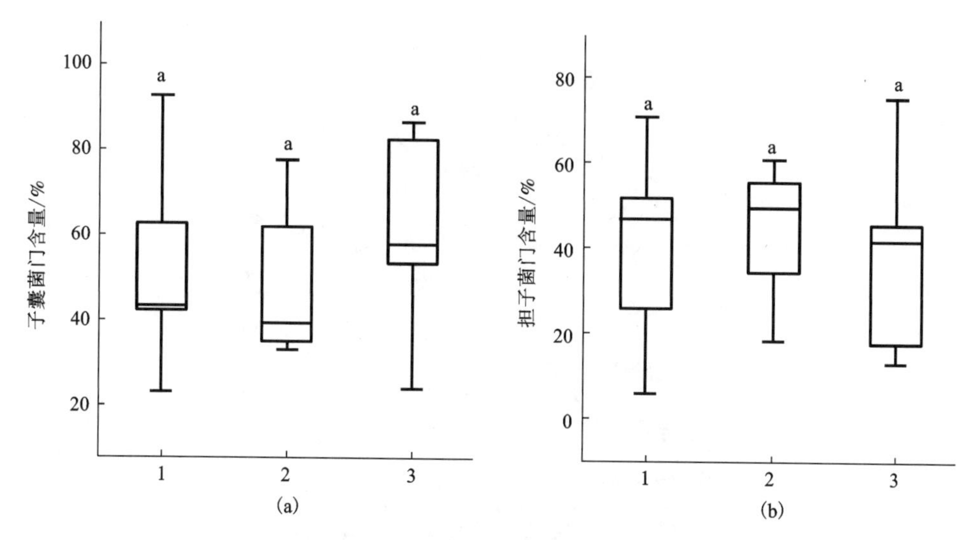

图3－16　离子型稀土尾矿三种类型土壤真菌主要门均值及差异性比较

1—未修复；2—湿地松＋改良土壤；3—单纯湿地松修复；

图中的不同字母代表差异显著性($p<0.05$)

表3－12　离子型稀土尾矿三种类型土壤真菌主要门、纲均值及差异显著性比较　单位：%

纲类型	修复方式		
	未修复	湿地松＋改良土壤	单纯湿地松
粪壳菌纲	42.52±12.09 b	10.69±2.22 a	15.00±4.97 a
散囊菌纲	1.59±0.47 a	21.39±5.98 b	20.83±6.02 b
伞菌纲	37.28±11.66 a	39.86±7.97 a	38.86±11.21 a
座囊菌纲	6.20±2.42 b	0.63±0.34 a	0.67±0.20 a
银耳纲	2.24±0.80 b	0.002±0.001 a	0.002±0.002 a
毛霉亚门	4.38±1.38 b	0.26±0.11 a	0.10±0.05 a

表中的数据表示为平均值±标准差；每列中的不同字母代表显著性差异($p<0.05$)。

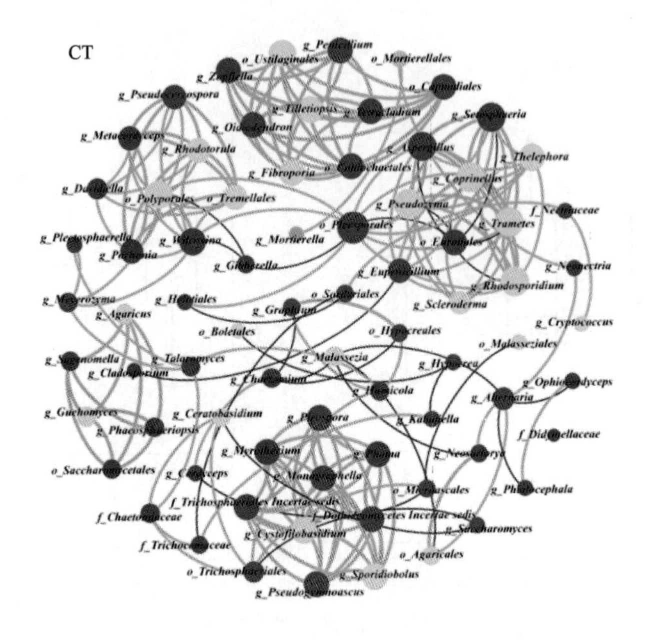
CT
o_Ustilaginales
o_Mortierellales
g_Tilletiopsis
g_Rhodotorula
g_Fibroporia
g_Thelephora
o_Polyporales
o_Tremellales
g_Mortierella
g_Rhodosporidium
g_Scleroderma
g_Neonectria
g_Cryptococcus
g_Agaricus
o_Boletales
o_Hypocreales
o_Malasseziales
g_Talaromyces
g_Malassezia
g_Ceratobasidium
f_Didymellaceae
o_Saccharomycetales
g_Phoma
f_Trichosphaeriales Incertae sedis
f_Dothideomycetes Incertae sedis
g_Cystofilobasidium
o_Agaricales
g_Sporidiobolus

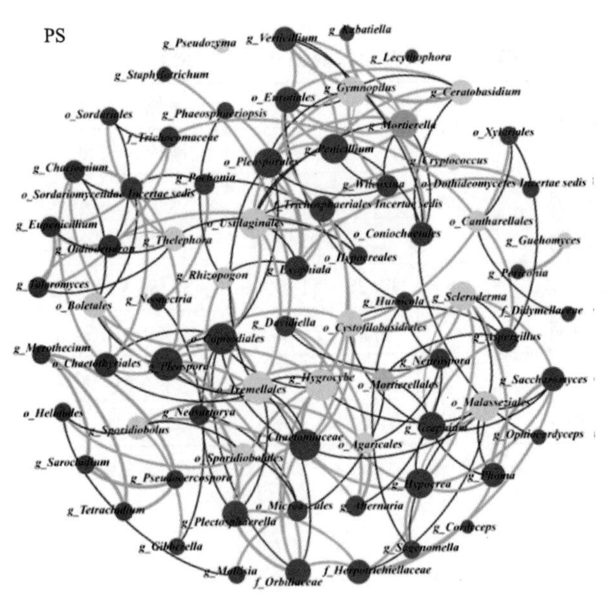
PS
g_Pseudozyma
g_Lecythophora
g_Gymnopilus
g_Ceratobasidium
g_Phaeosphaeriopsis
g_Cryptococcus
o_Dothideomycetes Incertae sedis
o_Cantharellales
g_Guehomyces
g_Rhizopogon
g_Scleroderma
o_Boletales
o_Cystofilobasidiales
o_Tremellales
g_Hygrocybe
o_Mortierellales
o_Malasseziales
g_Sporidiobolus
o_Agaricales
f_Chaetomiaceae
o_Sporidiobolales
f_Herpotrichiellaceae

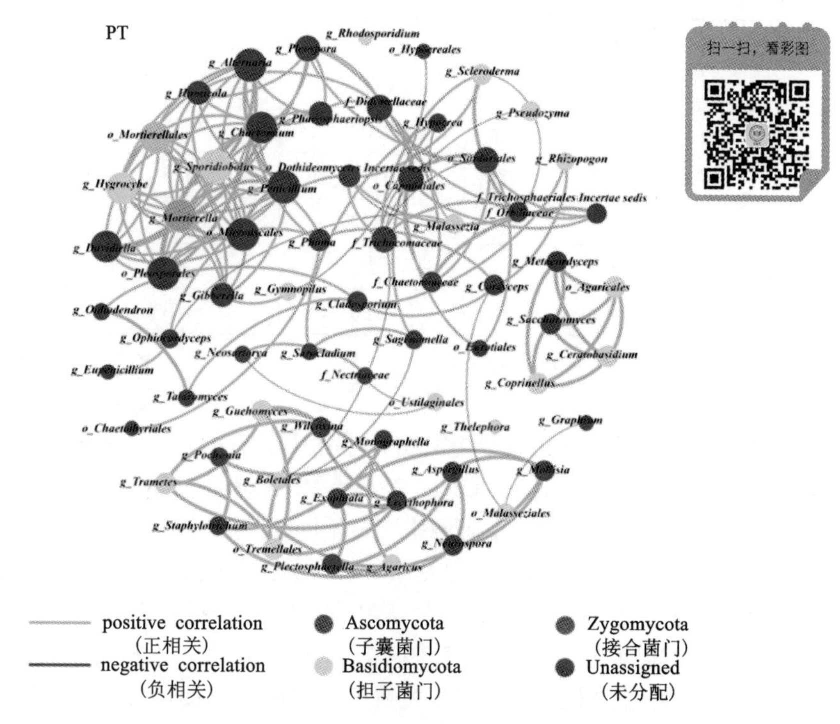

图3-17　离子型稀土尾矿三种类型土壤真菌共生网络图

CT：未修复；PS：湿地松+改良土壤修复过的土壤；PT：单纯湿地松修复的土壤。连接代表强(Spearman's $p>0.6$) 和显著($p<0.01$)相关。网络节点不同颜色代表不同门的真菌，节点标签代表在97%相似水平下OTU最低分类等级(p_，c_，o_，f_，g_依次为门，纲，目，科，属)，每个节点的大小与连接数(即度)成比例。

表3-13　离子型稀土尾矿三种类型土壤真菌共生网络图的拓扑特性

网络图指标	修复方式		
	未修复	湿地松+改良土壤	单纯湿地松
OTUs占比/%	57.52	64.01	42.48
总相对丰度/%	100	100	100
节点数	76	74	67
边数	206	180	153
正相关数	178	99	138
负相关数	28	81	15

续表 3-13

网络图指标	修复方式		
	未修复	湿地松+改良土壤	单纯湿地松
平均路径长度	5.02	4.05	4.22
平均集聚系数	0.71	0.54	0.75
平均度	5.42	4.86	4.57
模块数*	7	5	7
模块性	0.86	3.03	0.82

*表示共生网络中≥5 个节点的模块数。

利用基于强相关性和显著相关性的网络分析，探讨了不同修复方式土壤的真菌共生模式(图 3-17，表 3-13)。结果显示，未修复尾矿、湿地松+改良土壤修复、单纯湿地松修复土壤的生态网络明显不同：未修复尾矿土壤网络中有 76 个节点，206 条边，其中 178 条为正相关，28 条为负相关；湿地松+改良土壤修复过的土壤网络中有 74 个节点，180 条边，其中 99 条为正相关，81 条为负相关；单纯湿地松修复网络中有 67 个节点，153 条边，其中 138 条为正相关，15 条为负相关。在三种类型土壤生态网络中，正相关数量均远远高于负相关数量；具有大于等于 5 个节点的模块的数量为 5~7 个；与未修复尾矿土壤相比，湿地松+改良土壤修复过的土壤平均聚类系数、平均度、平均路径长度明显下降，单纯湿地松修复过的土壤平均路径长度、平均度明显下降，而平均聚类系数明显上升；相比于未修复尾矿土壤网络的模块性，单纯湿地松修复过的土壤网络模块性更低，湿地松+改良土壤修复过的土壤网络模块性则更高。

网络的拓扑特性通常反映的是微生物之间的相互关系，为了简化微生物间的相互关系，去除冗余的微生物物种，对网络图做出解读，以相对丰度>2%，度数>5，中间性<1000 的节点作为网络图中的核心指示物种。在未修复的尾矿土壤生态网络中核心指示物种鉴定到 1 个，属于 Basidiomycota 门 Agaricomycetes 纲 Thelephorales 目 Thelephoracea 科 *Thelephora* 属；在湿地松+改良土壤修复的生态网络中核心指示物种有 2 个，其中一个属于 Ascomycota 门 Eurotiomycetes 纲 Eurotiales 目 Trichocomaceae 科，另一个属于 Basidiomycota 门 Agaricomycetes 纲 Thelephorales 目 Thelephoracea 科 *Thelephora* 属；在单纯湿地松修复的土壤生态网络中核心指示物种有 1 个，属于 Ascomycota 门 Eurotiomycetes 纲 Eurotiales 目 Trichocomaceae 科(表 3-14)。

为了进一步确定湿地松修复对土壤真菌功能多样性的影响，利用 FunGuild 对土壤真菌 OTU 进行了分析。FunGuild 按置信度对结果设为三级，包括“可能”“很可能”“极可能”，本研究选取了后两种置信度对真菌进行分析。真菌按不同营养方式分为了七类：病原(pathotroph)、腐生(saprotroph)、共生(symbiotroph)、病原-腐生(pathotroph - saprotroph)、病原-共生(pathotroph - symbiotroph)、腐生-共生(saprotroph - symbiotroph)、病原-腐生-共生(pathotroph - saprotroph - symbiotroph)。结果表明，单纯湿地松修复过的土壤中病原菌、腐生菌与病原-共生菌的含量比未修复尾矿土壤、湿地松+改良土壤修复土壤有显著提高；而病原-腐生菌在未修复尾矿土壤中的含量比湿地松参与修复过的两种类型土壤含量显著增加(图3-18)。

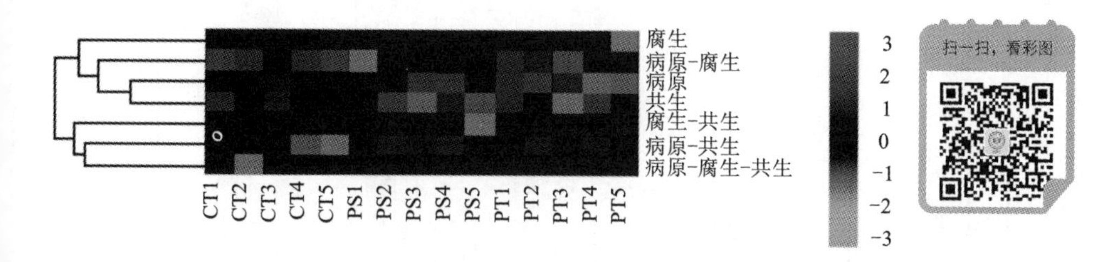

图3-18　离子型稀土尾矿所有土壤样品中真菌不同营养方式热图

将前期所得到的各类土壤中相互联系的环境因子与相应类型土壤真菌进行相关性分析，结果如表3-15所示。在未修复尾矿土壤中，Eurotiomycetes纲与钇含量和蛋白酶酶活均呈显著正相关($p<0.05$)，相关系数分别为0.870和0.839。在湿地松+改良土壤修复过的土壤中，Boletales目与镱含量、磷酸酶活性均呈显著正相关($p<0.05$)，相关系数分别为0.999和0.998；Saccharomycetes纲与钾含量呈显著负相关($r=-0.998$，$p<0.05$)，与多酚氧化酶呈极显著正相关($r=1.000$，$p<0.01$)；Tremellales目与钾含量呈显著正相关($r=0.998$，$p<0.05$)，与多酚氧化酶酶活呈极显著负相关($r=-1.000$，$p<0.01$)；Cantharellales目与钾含量呈显著负相关($r=-0.998$，$p<0.05$)，与多酚氧化酶酶活呈极显著正相关($r=1.000$，$p<0.01$)；Dothideales目与钾含量呈显著的正相关($r=0.998$，$p<0.05$)，与多酚氧化酶呈极显著的负相关($r=-1.000$，$p<0.01$)；Trichosphaeriales目与镁含量、有机质均呈显著的正相关($p<0.05$)，相关系数分别为0.997、1.000。在单纯湿地松修复土壤中，Pezizomycotina纲与镱含量呈显著的正相关($r=1.000$，$p<0.05$)，与总氮呈极显著的正相关($r=1.000$，$p<0.01$)；Xylariales目与镱含量呈显著的正相关($r=1.000$，$p<0.05$)，与总氮呈极显著的正相关($r=1.000$，$p<0.01$)；Tremellomycetes纲与钾含量、磷酸酶酶活均呈显著的正相关($p<0.05$)，相关系数分别为0.999、0.998；Agaricales目与钾含量、磷酸酶酶活均呈显著的正相关($p<0.05$)，相关系数分别为1.000、1.000。

表 3-14　不同修复方式真菌网络图中的核心指示物种

修复方式	物种信息	相对丰度/%
未修复	担子菌门；伞菌纲；革菌目；革菌科；革菌属	2.08
湿地松+改良土壤	子囊菌门；散囊菌纲；散囊菌目；髮菌科	14.45
	担子菌门；伞菌纲；革菌目；革菌科；革菌属	3.40
单纯湿地松	子囊菌门；散囊菌纲；散囊菌目；髮菌科	2.76

物种信息为在 97% 相似水平下 OTU 最低分类等级：门、纲、目、科、属。

表 3-15　离子型稀土尾矿三种类型土壤相互联系的环境因子与真菌的相关性分析

水平		未修复		湿地松+改良土壤修复						单纯湿地松修复			
		钇	蛋白酶	镱	磷酸酶	钾	过氧化物酶	镁	有机质	镱	总氮	钾	过氧化物酶
纲	散囊菌纲	0.870*	0.839*	无	无	无	无	无	无	无	无	无	无
	酵母纲	无	无	无	无	-0.998*	1.000**	无	无	无	无	无	无
	散囊菌纲	无	无	无	无	无	无	无	无	1.000*	1.000**	无	无
	银耳纲	无	无	无	无	无	无	无	无	无	无	0.999*	0.998*
目	牛肝菌目	无	无	0.999*	0.998*	无	无	无	无	无	无	无	无
	银耳目	无	无	无	无	0.998*	-1.000**	无	无	无	无	无	无
	鸡油菌目	无	无	无	无	-0.998*	1.000**	无	无	无	无	无	无
	座囊菌目	无	无	无	无	0.998*	-1.000**	无	无	无	无	无	无
	假毛球壳目	无	无	无	无	无	无	0.997*	1.000*	无	无	无	无
	炭角菌目	无	无	无	无	无	无	无	无	1.000*	1.000**	无	无
	伞菌目	无	无	无	无	无	无	无	无	无	无	1.000*	1.000*

** 表示极显著相关性，$p<0.01$；* 表示显著相关性，$p<0.05$；“无”表示无显著相关性。

3.2.3　不同修复方式对土壤代谢组的影响

对离子型稀土尾矿三种类型土壤代谢物组进行无监督的主成分分析、偏最小二乘判别分析，以及有监督的正交偏最小二乘判别分析，如图 3－19、图 3－20、图 3－21 所示。

对湿地松修复根际土壤与未修复尾矿土壤进行无监督的主成分分析，分析结果如图 3－19 所示，第一主坐标轴解释了样品中所有差异的 43.10%，第二主坐标轴解释了样品中所有差异的 13.80%，累计解释了样品中所有差异的 56.90%；单纯湿地松修复土壤与未修复尾矿土壤在整体分布上有分离趋势，但单纯湿地松修复土壤与湿地松＋改良土壤修复过的土壤有部分重叠，区分度不明显。

为了进一步探究湿地松修复对离子型稀土尾矿土壤代谢物的影响，找出潜在的生物标志物，对其主成分分析数据进行了偏最小二乘判别分析与正交偏最小二乘分析，结果表明（图 3－20、图 3－21），偏最小二乘判别分析第一主坐标轴解释了样品中所有差异的 43.00%，第二主坐标轴解释了样品中所有差异的 13.00%，总共解释了样品中所有差异的 56.00%；正交偏最小二乘法分析第一主坐标轴解释了样品中所有差异的 39.70%，第二主坐标轴解释了样品中所有差异的 11.10%，累计解释了样品中所有差异的 50.80%。未修复尾矿土壤、湿地松＋改良土壤、单纯湿地松修复过的土壤在整体分布上分离趋势明显，说明模型的稳定性和预测性较高。

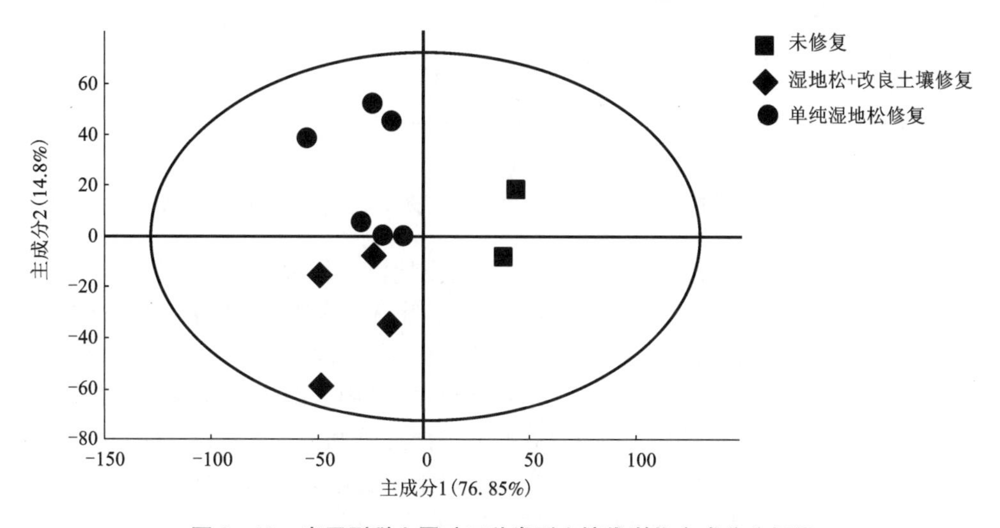

图 3－19　离子型稀土尾矿三种类型土壤代谢物主成分分析图

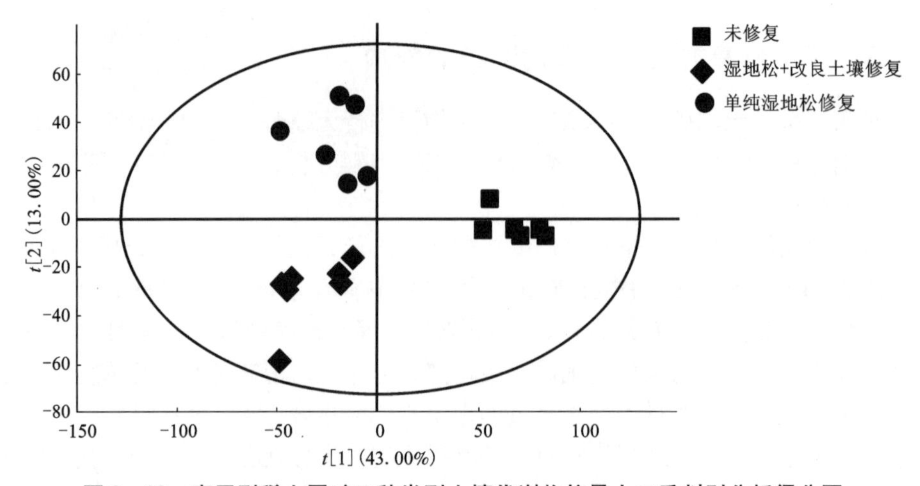

图 3-20 离子型稀土尾矿三种类型土壤代谢物偏最小二乘判别分析得分图

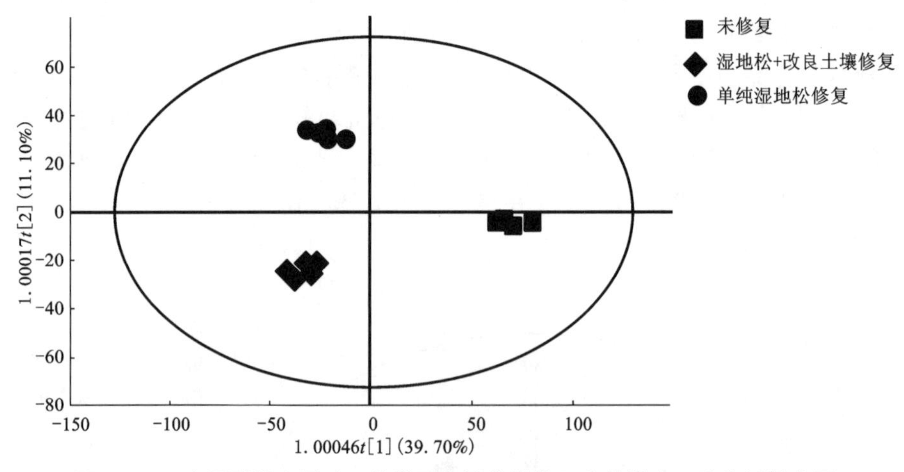

图 3-21 离子型稀土尾矿三种类型土壤代谢物正交偏最小二乘分析得分图

在未修复尾矿、湿地松+改良土壤、单纯湿地松修复过的土壤样品中共检测到4902种代谢物，根据筛选差异代谢物条件，筛选出 VIP≥1 且 $p<0.05$（T检验）的代谢物。结果表明，与未修复尾矿土壤相比较，单纯湿地松修复、湿地松+改良土壤修复过的土壤总共有123种差异代谢物，其中上调的有78种，下调的有45种（图3-22、图3-23），主要包括糖类、脂类、有机酸、生物碱、萜苷类、类固醇类、黄酮类、二萜类及其他物质等，其中糖类物质包括蔗糖（sucrose）、蜜糖（melibiose）、麦芽三糖（maltotriose）、曲二糖（kojibiose）、半乳糖醇（galactinol）等均呈现显著上调趋势。而在这123种物质中，湿地松+改良土壤修复土壤与单纯湿地松修复土壤只有13种显著差异的代谢物，其中蜜环菌癸素和磷酸这两种代

谢物在湿地松＋改良土壤修复过的土壤中含量明显低于单纯湿地松修复过的土壤，Thalicpureine、Piperochromenoic acid（胡椒醛酸）、N－methylundec－10－enamide、Glutathione（谷胱甘肽）、Galactinol（肌醇半乳糖苷）、Caffeoylcycloartenol（咖啡酰环芳醚醇）、5S，15S－DiHETE、13（R）－HODE、（＋）－Cloprostenol methyl ester（氯前列烯醇甲酯）、5－methoxynoracronycine（甲氧基诺缩氨酸）和10，12－heptacosanedione 这11种代谢物相对于单纯湿地松修复土壤显著升高（图3－24）。

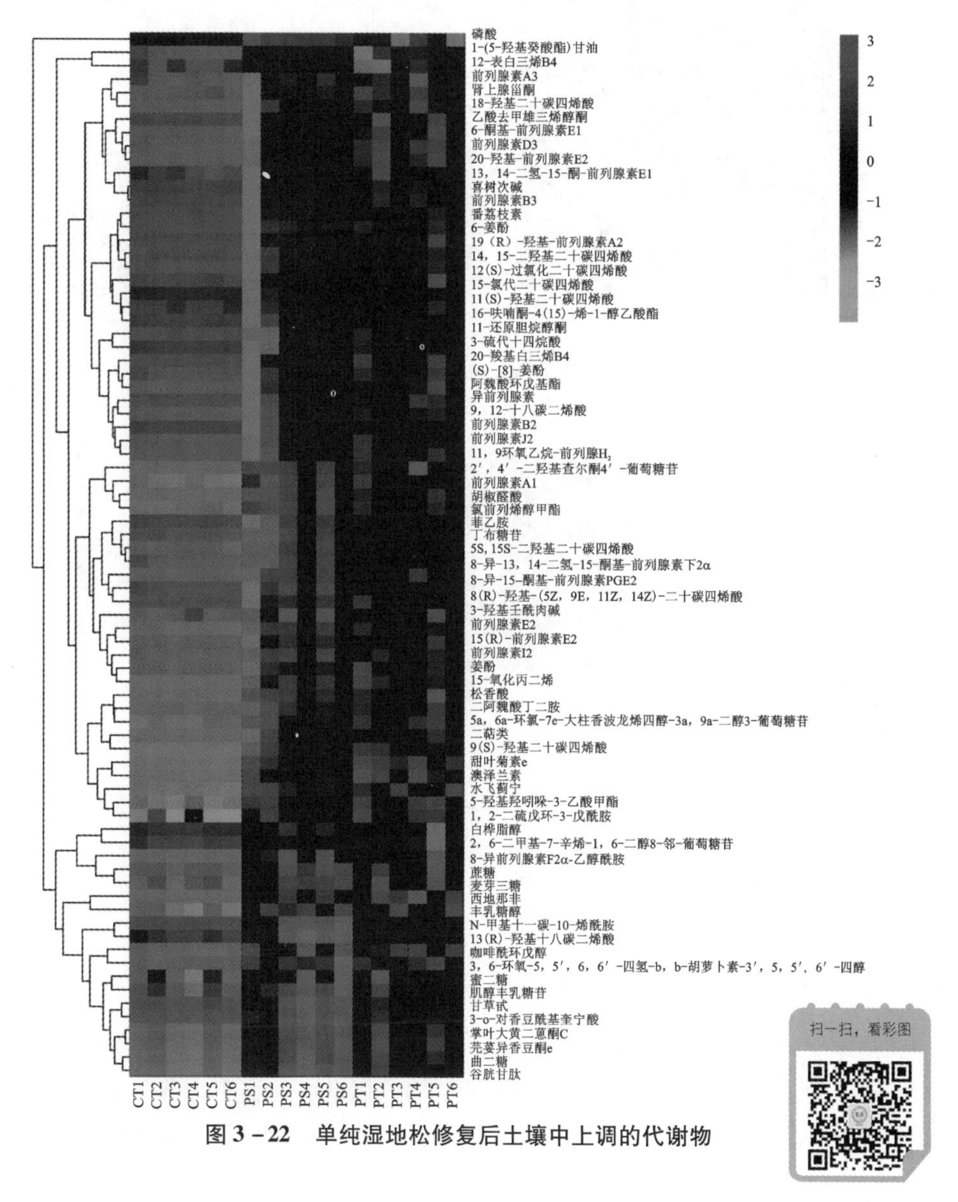

图3－22　单纯湿地松修复后土壤中上调的代谢物

扫一扫，看彩图

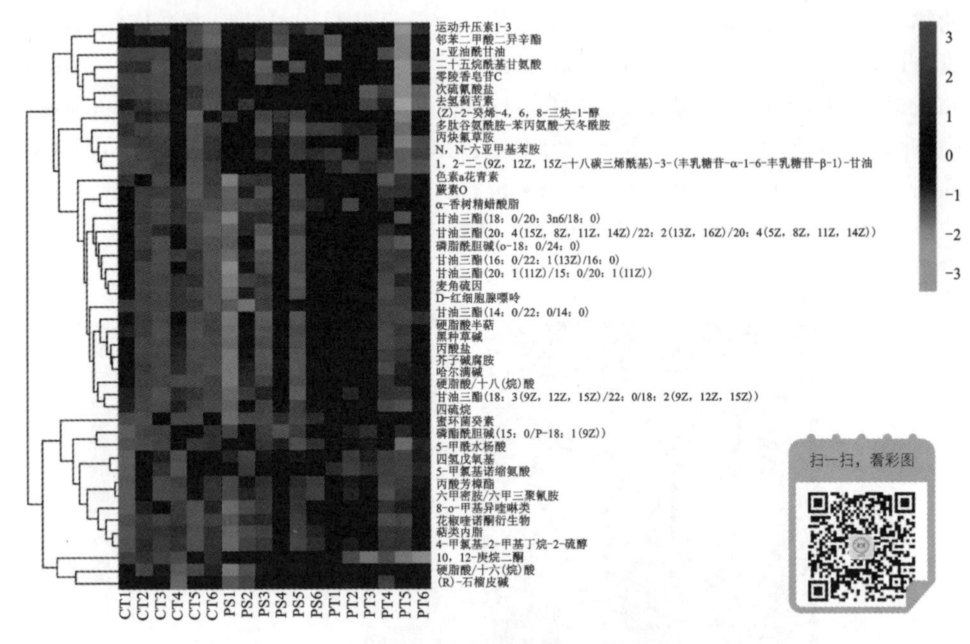

图 3－23　单纯湿地松修复后土壤中下调的代谢物

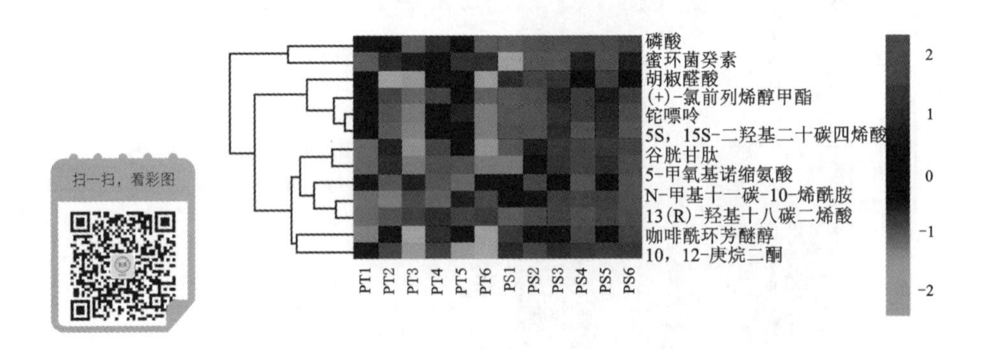

图 3－24　湿地松＋改良土壤修复方式与单纯湿地松修复方式的差异代谢物

3.3　本章讨论

3.3.1　离子型稀土尾矿土壤性质分析

土壤肥力是指在植物生长发育过程中，土壤不断地供应和协调植物需要的水分、养分、空气、热量及其他生活条件的能力。因此，土壤肥力除了单纯的养分指标外，还包括其他物理、化学参数。根据全国第二次土壤普查的酸碱度划分标准，中性土壤pH为6.5~7.5。当土壤的pH在6.5左右时，其中的各类养分物质具有较高的有效性，能够适合大多数植物的生长（弋嘉喜等，2018）。本部分研究结果显示离子型稀土尾矿矿区土壤pH达到了7.2左右，此pH已具备植物生长的基本条件，因而湿地松修复参与的修复方式并未显著改变土壤的pH，但是湿地松修复对离子型稀土尾矿土壤理化性质有一定程度的改善，这与已有的研究结果一致（陈熙等，2016；鲁向晖等，2016）。植物在生长发育过程中会形成腐殖质层，为土壤提供一定的养分，而且凋落物进入土壤后会引发土壤矿化从而改变土壤性质；植物根系会产生分泌物与脱落物，根际微生物会不断分解土壤中的有机质，生成供给植物生长的营养物质，从而使土壤性质得以改善（史学军等，2009；王少昆等，2012）。

此外，研究结果还显示对于稀土尾矿土壤性质的改善效果来说，湿地松+改良土壤修复方式明显好于单纯湿地松修复方式。之前付文昊等人添加客土对铁尾矿进行修复实验，结果发现客土的添加显著地提高了土壤有机质、速效养分的含量（付文昊等，2012）；陈志国等往粉煤灰质土壤中添加不同比例的客土，发现土壤性质得到了极大的改善（陈志国等，2019）；而且添加的客土等能够调整稀土尾矿的物理结构、隔离重金属、调节pH、提高土壤肥力，从而辅助植物对土壤的修复（吴建富等，2018）。这表明对于稀土尾矿土壤性质的改善作用，添加改良土壤的效果远远强于单纯湿地松自身的植物修复作用，单纯湿地松修复方式对稀土尾矿土壤的修复缓慢，因此需要其他的人工措施（如添加改良土壤等）以辅助加快其修复，这一发现与鲁向晖等人的结论基本一致（鲁向晖等，2016）。

前期研究表明，土壤中重金属的积累会影响土壤的理化性质，反之，土壤的理化性质也会改变重金属的地球生物化学等行为（郑黎明等，2017；毛小慧，2005），重金属行为的改变是可以通过土壤酶活反映出来的（李强等，2014），已有研究证明三者之间存在着一定的相互关系（焦慧，2016；姚常琦，2011）。本研究在某些稀土元素中也有类似发现：作为稀土矿区特有的镱和钇元素，无论是在未修复的尾矿土壤中，还是在湿地松修复过的尾矿土壤中，都影响着土壤中其他物质的含量，而且都呈现出与其他元素含量正相关的关系。原因可能是稀土元素的累积导致一些耐受能力强或具有降解代谢能力的菌群成为优势菌群，因而促进了某些土壤酶的产生与代谢物的分泌。金属元素钾和镁是植物生长所必需的营养元素，两者都存在于未修复尾矿土壤中，但都未与其他物质表现出显著相关性；在单纯湿地松修复的土壤中，钾与磷酸酶活性呈极显著正相关；而在湿地松+改良土壤修复过的土壤中，镁与有机质有显著的正相关，钾与多酚氧化酶酶活负相关性显著。造成上述明显差异的原因可能是镁和钾元素影响植物的生长，从而影响与植物生长相关的根际土壤微生物，进而促使其产生或者降解酶、有机质等导致的，而未修复尾矿的土壤中未发现植物生存，因此并没有其他物质的产生，也没有产生相应的影响。

3.3.2 基于高通量测序的土壤微生物群落结构与功能分析

本部分研究利用高通量测序技术分析了土壤微生物多样性，并探讨了单纯湿地松修复方式与湿地松 + 改良土壤的修复方式对离子型稀土尾矿土壤微生物的影响。结果表明，单纯湿地松修复方式与湿地松 + 改良土壤的修复方式均显著改变了土壤细菌与真菌的 α - 多样性和 β - 多样性，这与之前的研究结果相类似，即土壤恢复过程中的植物 - 微生物会发生相互作用，表现在两个方面：①植物通过产生分泌物与脱落物促进微生物的生长(Weiet al.，2019)；②土壤微生物不断分解土壤中的有机质会促进植物生长(Liet al.，2019)。因此，微生物多样性的提高反映出离子型稀土尾矿土壤得到了改善。有研究表明，植物会刺激土壤中真菌群落的生长(Guninaet al.，2017)，而且真菌的生长代谢很大程度依赖于其宿主植物的存在(Hartmannet al.，2014)，因此植物修复同样会改变土壤的真菌多样性。

对土壤细菌群落结构组成进行分析的结果表明，变形菌门、放线菌门、酸杆菌门、拟杆菌门和厚壁菌门是离子型稀土尾矿土壤的优势菌群(相对丰度 >1%)，这也与 Wei 等人对江西省赣县废弃稀土矿山的研究结果类似(Weiet al.，2019)。变形菌门是细菌中最大的一个门，在氮循环过程中起重要作用，在土壤中广泛分布，也常常在重金属污染土壤中发现(Hacklet al.，2004；Saad et al.，2018)。在本研究中，湿地松修复并未改变变形菌门的含量，但单纯湿地松的修复方式明显提高了土壤 α - 变形菌纲的含量，却显著降低了土壤 γ - 变形菌纲的含量，这一发现与 Liu 等人的研究结果一致，即重金属土壤 α - 变形菌纲与 γ - 变形菌纲含量呈负相关(Liuet al.，2014)。

放线菌门是一类能长期生存在极端环境中且繁殖力强大的细菌，产生特殊的代谢产物(Crawfordet al.，1993)，且广泛存在于植物根际土壤中，能够与植物体进行循环交流。有研究报道，放线菌在根际土壤中的含量是非根际土壤中的 2 倍(安登第等，2010)，在本研究中，单纯湿地松修复后的根际土壤中放线菌门含量是未修复尾矿土壤中的 2 倍多，放线菌纲含量是未修复尾矿土壤中的 3 倍多，但湿地松 + 改良土壤的修复后的根际土壤放线菌门、放线菌纲含量与未修复尾矿土壤中的含量相比并未发生变化，可能是由于湿地松 + 改良土壤的修复方式根际土壤性质大幅度的改善，使得根际土壤中放线菌门的含量降低，但也未低于未经人工修复的尾矿土壤。

酸杆菌门是一类普遍分布在各个生态系统中的细菌(刘彩霞等，2010)，且土壤酸杆菌门及其亚组受植物修复刺激丰度会显著提高，许多研究都有报道这一发现(Jing et al.，2018；张爽等，2018)，在研究中，单纯湿地松修复方式与湿地松 + 改良土壤的修复方式均显著提高了土壤酸杆菌门以及其纲水平酸杆菌门

Acidobacteria GP1、Acidobacteria GP2、Acidobacteria GP3 的含量。

拟杆菌门是一类形态一致或多形态的厌氧细菌(吴彦彬等, 2007),有研究表明生态修复会降低重金属污染土壤中的拟杆菌门含量,卞方圆等人利用毛竹和伴矿景天修复重金属土壤,结果发现,土壤中的拟杆菌门显著下降(卞方圆等, 2018)。在本研究中,单纯湿地松修复与湿地松+改良土壤的修复方式均显著降低了稀土尾矿土壤中的拟杆菌门,同样也降低了其下属的拟杆菌纲的含量。

厚壁菌门属于化能营养型细菌,其所属梭菌纲主要分布在无氧环境中,有较强的代谢活性和降解特性(Wroe &Schneiders, 2009)。在本研究中,单纯湿地松修复与湿地松+改良土壤的修复方式均显著降低了稀土尾矿土壤梭菌纲的含量。

子囊菌门营养方式有腐生、寄生和共生,其中腐生子囊菌能够引起木材、食品等霉烂以及动植物残体的分解,因此作为土壤中的主要分解者之一,能够分解土壤中难降解的有机物等(Yelleet al., 2008),在土壤养分循环中扮演着主要角色(Beimfordeet al., 2014)。在本研究中,单纯湿地松和湿地松+改良土壤的修复方式均显著降低了土壤粪壳菌纲(Sordariomycetes)和座囊菌纲(Dothideomycetes)的含量,原因可能与这两种菌纲的特性相关,粪壳菌纲广泛存在于土壤中,其下所属菌为真菌寄生物和植物病原菌等(孙素丽, 2008);座囊菌纲是子囊菌门中数量最多的纲,其下所属菌大多为植物病原菌。譬如,颖枯壳针孢可引起小麦叶枯病等病症(管晓辉, 2014);而单纯湿地松的修复方式和湿地松+改良土壤的修复方式均显著提高了土壤散囊菌纲(Eurotiomycetes)的含量,有研究报道,植物的内生真菌包括散囊菌纲(朱国胜等, 2005),这说明散囊菌纲也与植物的生长相关。

担子菌门是真菌中最高等的类型,在本研究中,单纯湿地松修复和湿地松+改良土壤的修复方式均显著降低了其土壤银耳纲(Tremellomycetes)的含量,可能的原因是银耳纲主要分布在腐烂的落叶中,而植物根际腐殖质较少,从而导致银耳纲的含量降低。接合菌门主要分布在土壤和无生命的有机物上,大多数为腐生菌(聂三安等, 2018)。在本章研究中,单纯湿地松的修复方式和湿地松+改良土壤的修复方式均显著降低了土壤接合菌门和其所属的毛霉菌亚门(Mucoromycotina)的含量,这可能与植物根际腐殖质较少相关。

共生网络分析有助于理解复杂的生态过程,了解微生物之间的竞争、合作、生态位分配等相互关系(Edgar &Flyvbjerg, 2015)。在本研究中,在未修复尾矿土壤、单纯湿地松修复过的土壤、湿地松+改良土壤修复过的土壤三者的生态网络中,正相关数量远远高于负相关数量,表明离子型稀土尾矿土壤中细菌相互间大多处于合作关系而非竞争关系。湿地松修复显著影响了稀土尾矿中细菌网络的平均聚类系数、平均度、平均路径长度,明显提高了平均聚类系数与平均度,显著降低了平均路径长度,这些影响均反映了湿地松修复后土壤细菌 OTU 之间更高的耦合程度,细菌之间合作和交流更加密切。生态网络模块性值 >0.4 表明网络具有典型的模块结构，Krause 等人研究发现高的模块性值有利于保持网络的稳定性，能够帮助微生物群落抵抗外界环境的变化（Krause et al.，2003）。在本研究中，三种类型土壤的生态网络模块性值均大于 0.4，且单纯湿地松修复过的土壤生态网络模块性值最高，其次是未修复的尾矿土壤，最后是湿地松 + 改良土壤修复过的土壤，表明单纯湿地松修复对于抵抗外界环境变化具有更好的效果。

本研究中对真菌的网络研究分析结果表明，在未修复尾矿土壤、单纯湿地松修复、湿地松 + 改良土壤修复三种类型土壤的生态网络中，正相关数量远远高于负相关数量，这与细菌的网络研究分析结果相同，说明稀土尾矿中的微生物，无论是细菌还是真菌，相互合作关系均高于相互竞争关系。由生态网络拓扑特性分析得出，单纯湿地松修复、湿地松 + 改良土壤修复后的土壤真菌网络平均路径长度显著降低，这表明湿地松修复后土壤中相互关联的真菌之间增加了关系的紧密度，但平均度的显著降低则说明湿地松修复后土壤中相互关联的真菌减少了。与细菌的研究结果不同，对于真菌的这些发现说明湿地松修复对于稀土尾矿细菌和真菌生态网络的影响是不同的。这从模块值的高低也可以看出，真菌生态网络中，湿地松 + 改良土壤的修复方式对于抵抗外界环境变化具有更好的效果，这也是与细菌研究结论的不同之处。综上可以说明，湿地松修复能提高土壤抵抗外界环境变化的能力。

生态网络分析的优势之一就是可以识别网络中最重要的节点或中心，该节点或中心很可能是微生物群落中最有影响力的成员，是稳定网络最重要的微生物（Layeghifard et al.，2017）。已有的研究发现，生态网络中选择具有高值和低中间值的物种作为其关键物种（Ma et al.，2016；Li et al.，2019）。本研究选择了相对丰度 >2%、度数 >5、中间性 <1000 的节点作为网络中的核心指示物种。在未修复尾矿土壤中有 4 个核心指示细菌物种，其中 α - 变形菌纲和 β - 变形菌纲已被发现能够在极度污染的土壤中生存（Nies，2000），虽然没有重金属抗性等相关报道，但 α - 变形菌纲所属的鞘氨醇单胞菌属可以降解芳香族化合物（Baraniecki，2002）；副拟杆菌属是典型的厌氧菌，具有糖分解作用，糖代谢终产物为乙酸和琥珀酸等（Sakamoto& Benno，2002）。未修复尾矿土壤有 1 个真菌核心指示物种，担子菌门的革菌属（Thelephora），革菌属被发现可以降解纺织染料（吕鹏，2016），这些细菌和真菌之所以能成为未修复尾矿土壤的核心指示物种，原因可能与其降解代谢特性有关。在湿地松 + 改良土壤修复过的根际土壤中，有 8 个细菌核心指示物种，2 个真菌核心指示物种，这些菌大多数已被确定与植物的生长活动密切相关，如芽孢杆菌纲的 Bacillus 是一类植物根际促生菌，它们既能够解磷、产吲哚乙酸等生长因子，又能够提高植物产量（王琦琦等，2019；刘泽平等，2018）；酸杆菌门 Acidobacteria Gp1 亚群可以降解植物纤维素等大分子物质（Pankratov et al.，2012）；芽孢杆菌纲的乳酸球菌属（Lactococcus）同样具有解磷作用（原志敏，

2018)，解磷作用可提高植物对土壤中磷的利用(谢晨星，2016)，从而影响植物的生长；Sphingobacteriales 所属某些细菌可参与铁、硫代谢等代谢途径，从而影响植物的生理代谢，提高植物的抗病性(蒋靖怡等，2019)；γ-变形菌纲的肠杆菌科(Enterobacteriaceae)生存于植物根际，它会通过固氮、产生激素或酶类等途径促进植物的生长(李媛媛，2016)；革菌属是土壤中的一种外生菌根真菌，外生菌根真菌能与宿主之间形成哈氏网，从而进行代谢产物的传递(Agerer，2006)；研究人员发现发菌科菌株能够产植酸酶(李丽娟，2007)，而且革菌属的植酸酶有利于植物利用矿物元素(王凯等，2015)，这些发现说明革菌属与发菌科都对植物的生长起着重要作用。在单纯湿地松修复过的根际土壤中，有 3 个真菌核心指示物种，主要为放线菌，这可能也是导致单纯湿地松修复后的根际土壤中放线菌含量远远高于未修复尾矿土壤和湿地松 + 改良土壤修复过的根际土壤的原因之一，放线菌能够分解土壤中的有机质，有助于土壤有机物的矿化作用(詹庆等，2017)；真菌核心指示物种有 1 个是子囊菌门的发菌科，该菌能成为湿地松 + 改良土壤修复和单纯湿地松修复过的根际土壤两个生态网络的共有核心指示物种，表明发菌科对湿地松植被的生长有重要作用。

在分析土壤微量元素、土壤理化性质和酶活之间的相关性时发现，土壤中的微量元素可能影响了土壤中的一类或多类微生物的生长，进而改变了土壤的理化性质以及酶活。为此进行相关实验，结果发现细菌 α-变形菌纲、β-变形菌纲、酸酐菌纲 Acidobacteria Gp2、丹毒丝菌纲(Erysipelotrichia)和稀土元素及其相联系的理化性质或酶活等环境因子呈显著相关性。前期研究发现上述四类细菌都具有降解、代谢功能(Nies，2000；Wroe & Schneiders，2009)，但目前还没有关于这些菌种有较强稀土离子抗性的报道。有些真菌影响了稀土元素钇、镱和土壤环境因子以及酶活的显著相关性，这些真菌主要包括散囊菌纲(Eurotiomycetes)、牛肝菌目(Boletales)、盘菌亚门(Pezizomycotina)和炭角菌目(Xylariales)。参与黑碳降解过程的真菌群落中就发现了散囊菌纲，它是其中的优势菌群(郝蓉等，2016)；有研究从蔗渣浆中分离得到了一株能够降解纤维素和半纤维素的菌株，经鉴定为盘菌亚门(Pezizomycotina)(赵红，2011)；炭角菌目(Xylariales)多为腐生真菌，能够把土壤中的有机物降解为无机物；属牛肝菌目(Boletales)的牛肝菌是外生菌根真菌(于辉霞，2012)，而外生菌根真菌对土壤中的有机污染物有较强的降解能力(周晴烽，2017)，这些结果表明稀土元素的累积影响了土壤的理化性质及酶活，致使某些有降解、代谢能力的菌群成为土壤优势菌群，进一步提高了某些酶的活性以及增强了代谢物的分泌。

除此之外，微生物与植物的生长息息相关，其中重要的一类当属根际促生菌。研究人员在大豆根际发现 α-变形菌纲，它是具有镉抗性的促生菌(Guo et al.，2014)；将从属于放线菌纲的植物促生菌 DBM1 接种到红麻根际后发现，该菌同样促进红麻的生长(陈燕玫等, 2013); 另外, 从小麦幼苗内筛选得到的内生菌中鉴定出了酵母纲(Saccharomycetes)(赵芹等, 2017); 从杜鹃花的根系检测到的真菌中发现了银耳纲(Tremellomycetes)的存在(廖映辉, 2016); 从杓兰根部中筛选得到了33株内生真菌, 其中鸡油菌目(Cantharellales)为其担子菌门下的主要真菌(张亚平, 2013); 从蒲公英中筛选得到了一株高产酚类活性物质的内生真菌, 经鉴定为座囊菌目(Dothideales)菌(张慧茹等, 2011); 从银杏根、茎、叶中分离得到了假毛球壳目(Trichosphaeriales)的内生真菌(郑建华等, 2013); 从兰科植物根部分离得到了伞菌目(Agaricales)的内生真菌(翟明恬, 2015)。

在本研究中, 影响金属元素镁、钾和与其有显著联系的土壤环境因子及酶活的细菌主要为α-变形菌纲、放线菌纲及它们的从属细菌, 对它们产生影响的真菌主要为酵母纲(Saccharomycetes)、银耳纲(Tremellomycetes)、鸡油菌目(Cantharellales)、座囊菌目(Dothideales)、假毛球壳目(Trichosphaeriales)和伞菌目(Agaricales), 这些发现表明镁和钾对土壤理化性质及酶活产生了影响, 原因是它们影响了植物的生长, 进而影响了与植物生长相关的微生物菌群。

为进一步了解细菌在稀土尾矿土壤修复过程中发挥的潜在功能, 本研究将基于16S rDNA扩增的基因序列与KEGG数据库进行对比后发现, 在KEGG level 1水平上, 单纯湿地松和湿地松+改良土壤的修复方式均对土壤中参与新陈代谢、环境信息处理和生物系统相关的功能基因有显著影响, 而单纯湿地松修复方式和湿地松+改良土壤的修复方式之间有差异的功能基因很少, 仅有的差异存在于与人类疾病相关的功能基因上, 且该功能基因在三种类型的土壤中含量较少(<2%)。在KEGG level 3水平上, 有48条代谢通路在单纯湿地松修复过的土壤中发生了显著改变, 而相对于单纯湿地松修复方式, 只有1条代谢通路在湿地松+改良土壤的修复过的土壤中发生了明显改变。从以上两点可以看出, 单纯湿地松自身对稀土尾矿土壤的修复显著改变了土壤细菌, 其效果强于湿地松+改良土壤的作用。

为了更深入地了解真菌在土壤修复过程中的代谢功能, 本研究还利用FunGuild对其进行了分析。真菌中的腐生真菌通常是土壤的主要分解者(Phillips et al., 2014), 它能够分泌多种酶来消化土壤中的有机质, 从而促进土壤中的有机质及生物循环(Floudas et al., 2012); 植物的根能够与某些真菌一起生长, 称为菌根, 两者之间存在共生关系, 既能促进植物生长又能维持土壤群落多样性和稳定性(Lin et al., 2012), 例如外生菌根真菌不仅能够从植物中获取碳源, 而且有增强植物吸收土壤中矿物的功能(Hu et al., 2012)。在本研究中, 单纯湿地松修复后尾矿土壤中的病原菌、腐生菌、病原-共生菌的含量显著提高, 而病原-腐生菌的含量却明显降低了, 这说明单纯湿地松修复后尾矿土壤中的真菌与植物间的相互联系更加密切, 导致一部分病原-腐生真菌转变为病原-共生真菌; 相对于单纯湿地松修复方式，湿地松＋改良土壤修复后根际土壤中病原菌、腐生菌、病原－共生菌的含量明显降低；相对于离子型稀土尾矿土壤，其病原－腐生菌的含量也显著降低，造成这些真菌降低的原因可能是由于湿地松＋改良土壤修复后根际土壤性质改善，降低了湿地松对土壤中营养元素的竞争力。

3.3　基于液相－质谱联用的代谢组学分析

基于液相－质谱联用的代谢组学，本研究分析了单纯湿地松修复方式与湿地松＋改良土壤的修复方式对离子型稀土尾矿土壤代谢物的影响。前期研究表明，主成分分析能区分各样品之间的差异（Kim et al.，2013），通过偏最小二乘判别分析与正交偏最小二乘分析能够进一步了解样品的主要影响因素（Park et al.，2013）。因此，本研究对样品进行了主成分分析、偏最小二乘判别分析与正交偏最小二乘分析后发现，单纯湿地松修复方式与湿地松＋改良土壤的修复方式均对离子型稀土尾矿土壤代谢物产生了影响，这一发现与王亚男等的结果一致（王亚男等，2016）。在植物修复污染土壤过程中，植物根系会分泌某些代谢物刺激根际土壤及其周围的微生物生长，然后通过共代谢的方式降低土壤中外源的污染物或重金属，同时植物根系和土壤微生物会进一步释放酶或其他物质，从而诱发土壤代谢物的改变（王国锋，2017）。

本研究对离子型稀土尾矿三种类型土壤样品之间的差异代谢物进行了分析，结果表明单纯湿地松修复与湿地松＋改良土壤修复后，离子型稀土尾矿土壤中糖类物质含量明显上升。上升的原因是在植物修复污染土壤过程中，糖类物质为植物和微生物的生长和代谢提供了碳源和能源，并增强了植物对极端环境的耐受性（Sambe et al.，2015），这一结果同样出现在之前构树对稀土尾矿的适应机制研究中（丁菲等，2018）。这说明在植物修复污染土壤的过程中，糖类物质发挥了重要作用。

本研究还发现，单纯湿地松修复和湿地松＋改良土壤修复后的离子型稀土尾矿土壤发生了显著改变，而相对于单纯湿地松修复方式，其中仅有13种代谢物的含量在湿地松＋改良土壤修复的土壤中发生了显著改变。这说明在代谢物水平方面，单纯湿地松修复方式显著改变了离子型稀土尾矿土壤代谢物，其自身的修复作用好于其添加改良土壤后的作用。

3.4　本章小结

本研究以未修复的离子型稀土尾矿为对照，通过对单纯湿地松修复方式、湿地松＋改良土壤修复方式修复过的尾矿土壤进行理化性质、微生物群落结构与功能，以及代谢物组进行分析，得到以下结论：

(1)单纯湿地松修复方式对稀土尾矿土壤性质的改善作用远弱于湿地松+改良土壤的修复方式。单纯湿地松修复方式仅仅改变了离子型稀土尾矿土壤中硫酸根含量与蛋白酶酶活，而湿地松+改良土壤修复方式则显著提高了尾矿土壤中硫酸根、总氮、有机质、有机碳、总磷、有效磷、镁元素、脲酶、磷酸酶、蔗糖酶、蛋白酶、过氧化氢酶、多酚氧化酶的含量，而且明显降低了土壤中铽、镝、钬、铒、铥、镱、镥和钇等稀土元素与金属元素铝、钾的含量。

(2)在不同类型土壤中微量元素对土壤理化性质与酶活的影响不同。在未修复尾矿土壤中，稀土元素钇与蛋白酶呈显著正相关；在单纯湿地松修复过的土壤中，稀土元素镱含量与总氮含量呈显著正相关，金属元素钾的含量与磷酸酶酶活呈显著正相关；在湿地松+改良土壤的修复过的土壤中，稀土元素镱的含量与磷酸酶酶活呈显著正相关，金属元素镁与有机质的含量呈显著正相关，金属元素钾的含量与多酚氧化酶酶活呈显著负相关。

(3)从土壤微生物多样性上看，湿地松参与的修复方式，包括单纯湿地松修复和湿地松+改良土壤修复均改变了离子型稀土尾矿土壤细菌与真菌的α-多样性和β-多样性。从土壤微生物群落结构组成上看，三种类型的土壤样品中细菌从属于10门23纲31目69科97属；其中变形菌门(Proteobacteria)、放线菌门(Actinobacteria)、酸杆菌门(Acidobacteria)、拟杆菌门(Bacteroidetes)和厚壁菌门(Firmicutes)为尾矿土壤细菌优势群落；土壤的真菌从属于3门15纲30目48科64属。单纯湿地松修复和湿地松+改良土壤修复均显著改变了门水平与纲水平的细菌与真菌。

(4) 从土壤微生物共生网络上分析，单纯湿地松修复方式和湿地松+改良土壤的修复方式均改变了离子型稀土尾矿土壤细菌与真菌的生态网络，土壤细菌与真菌生态网络的平均聚类系数、平均度、平均路径长度、模块性也发生了改变；各种类型土壤的核心指示物种也有所差异。从对土壤微生物的功能预测上看，单纯湿地松修复对于离子型稀土尾矿土壤细菌的改变强于其添加改良土壤后的作用效果；单纯湿地松修复方式与湿地松+改良土壤的修复方式均改变了离子型稀土尾矿土壤真菌的营养方式。

(5) 从土壤微生物物种与环境因子相关性上分析，许多具有降解代谢特性的微生物与稀土元素及其相联系的理化性质或酶活显著相关；而某些影响植物生长的微生物与镁、钾及其相联系的理化性质或酶活显著相关。

(6) 从主成分分析、偏最小二乘判别分析与正交偏最小二乘分析上看土壤代谢物的改变：单纯湿地松修复方式和湿地松+改良土壤修复方式均显著改变了离子型稀土尾矿土壤代谢物的含量与种类。从差异代谢物上分析，单纯湿地松修复方式对于离子型稀土尾矿土壤代谢物的改变强于湿地松+改良土壤的修复方式，这说明在代谢物方面，湿地松自身修复对于离子型稀土尾矿土壤的改变强于其添加改良土壤后的作用效果。

第 4 章　竹林扩张土壤微生态研究

4.1　引言

土壤微生物具有高度的多样性和复杂性，一克土可以包含上千个微生物类群，这些土壤微生物组对养分循环、土壤肥力和土壤碳固定的维持具有重要的作用，并且土壤微生物组对陆地生态系统中植物和动物的健康有着直接和间接的作用(Fierer, 2017)。每公顷土壤通常包含大于 1, 000 千克微生物生物量碳(serna -chavez et al., 2013)，这些土壤微生物组对养分循环、土壤肥力和土壤碳固定的维持具有重要作用，对陆地生态系统中植物的健康有着直接或间接的作用。土壤微生物群落组成主要受地上植被类型(Wardle et al., 2004)、气候(吴愉萍, 2009)、土壤(Rousk et al., 2010)等环境因子的影响，导致不同地点的微生物群落存在较大的差异。有研究对我国东部 14 地土壤的微生物群落结构进行了分析，结果表明土壤微生物群落结构会随着纬度的变化发生改变(吴愉萍, 2009)，与植物丰度显著正相关(Cline et al., 2018)，且真菌间存在协同互作的模式(Toju et al., 2016)。

研究土壤微生物群落结构、多样性的方法有 3 大类：①传统的分离纯化培养法。此方法是在分离得到单菌落后对其进行分类鉴定，局限性极高。一方面是无法分离难培养的物种，另一方面地球上数万亿的微生物中有超过 99% 的微生物尚未被鉴别(Locey et al., 2016)，无法进行鉴定。因此这种传统研究方法，难以反映土壤微生物群落结构和多样性的真实情况。②生物标记法。此类方法以磷脂脂肪酸法的使用最为普遍，通过对土壤中磷脂脂肪酸的提取，结合微生物鉴定系统对微生物的脂肪酸组分进行分析。该方法可以快速、简便地揭示土壤微生物量和生态结构，但是该方法在很大程度上依赖通过标记脂肪酸来确定微生物的群落结构，而实验结果中某些特殊的脂肪酸无法与微生物的类群相对应，这可能会对群落的估算产生偏差。③分子生物学法。近年来随着高通量测序技术的逐渐成熟和普及，通过对土壤总 DNA 进行提取再进行聚合酶链式反应扩增的方法被广泛使用，该方法可以将土壤微生物种类注释到种属水平，更好地对土壤微生物的物种多样性进行研究，但是聚合酶链式反应扩增存在一定的偏好性，这会造成实验结果的可重复性不高。宏基因组学的发展及基因芯片技术的出现使土壤微生物的研究深入到了功能水平，但是由于测序量巨大导致价格偏高、数据分析复杂，所以目前还不普及。

由于外来植物入侵会对邻近环境土壤中的微生物群落、功能产生影响，因此竹林作为一种特殊的本地扩张物种，其对土壤微生物群落结构及功能的影响也被研究者们所关注。近年来，许多研究利用磷脂脂肪酸生物标记法分析了竹林扩张对土壤微生物的影响。Tripathi 等人发现从被竹种千岛箬竹(*Sasa kurilensis*)扩张的岳桦林中移除该竹种可增加土壤微生物生物量碳、生物量氮(Tripathi et al., 2006)；Guo 等人发现毛竹林土壤中厌氧细菌的丰度明显低于阔叶林和混交林土壤(Guo et al., 2016)；Chang 等人对台湾地区被竹林扩张的雪松林的土壤磷脂脂肪酸进行研究，结果发现代表微生物生物量的总磷脂脂肪酸含量随着毛竹入侵雪松林而减少(Chang & Chiu, 2015)；而 Wang 等人的研究发现毛竹林和天然林之间的有机层和矿物质层的总磷脂脂肪酸含量均没有显著差异，而毛竹林有机质层的细菌磷脂脂肪酸含量降低，矿物质层的真菌磷脂脂肪酸含量增加，毛竹林与原始森林的土壤有机层、矿质层中主要磷脂脂肪酸的组成存在显著差异(Wang et al., 2017)；相比之下，Lin 等人发现毛竹扩张增加了日本柳杉(Cryptomeria japonica)人工林土壤的微生物数量(Lin et al., 2014)；Xu 等人对浙江省天目山的样地进行研究也发现了类似的规律，随着毛竹扩张到阔叶林，所有微生物磷脂脂肪酸都显著增加，细菌与真菌磷脂脂肪酸的比例也有所增加(Xu et al., 2015)。由此可见，竹林扩张到不同类型的森林对微生物群落结构的影响存在较大的差异，这可能与竹子对养分的利用与归还密切相关(刘骏等，2013 a，b；Tripathi et al., 2006)。

而对被竹林扩张土壤中细菌的研究中，Lin 等人和 Xu 等人发现毛竹的扩张引起中国台湾及中国天目山本地森林的土壤细菌物种水平香农多样性显著增加，并导致土壤微生物群落发生改变(Lin et al., 2014；Xu et al., 2015；Lin et al., 2017)；不同的是前者发现竹林土壤细菌群落的结构与过渡林相似，而后者的研究结果表明，竹林土壤的细菌群落与原始阔叶林最为相似；Wang 等人的研究结果则表明毛竹扩张对土壤细菌结构及多样性影响不大(Wang et al., 2009)。产生这些差异的原因可能是竹林扩张的强度不同。另外，Li 等人研究了浙江省天目山阔叶林、竹阔混交林和纯竹林与氮循环相关的氨氧化微生物、固氮微生物，结果表明竹林中土壤氨氧化细菌(AOB)的 amoA 基因丰度较低，而氨氧化古菌(AOA)的 amoA 基因丰度没有差异(Li et al., 2014)；沈秋兰的研究表明，毛竹林中土壤固氮细菌的 nifH 基因丰度(基于定量聚合酶链式反应)明显比阔叶林的低(沈秋兰，2015)。这两项研究证明，竹林向阔叶林的扩张显著改变了氮循环中涉及的两个微生物功能群的数量，使竹林扩张对土壤微生物的影响投射到了功能水平。以上竹林扩张对土壤微生物群落影响的研究多侧重于细菌，而真菌在森林生态系统中对于促进宿主植物对矿物质的吸收、稳固和改善土壤结构等的重要作用也不容忽视。

近年来，研究者也开始关注竹林扩张对真菌的影响。潘璐等人在天目山对6种乔灌植物及毛竹的菌根侵染强度进行了研究，结果表明植物扩张对被入侵植物的菌根侵染强度没有显著的影响，从而否认了菌根减弱假说（潘璐等，2015）；李永春等人对毛竹扩张阔叶林对土壤真菌群落的影响进行了研究，结果发现土壤真菌群落结构差异在毛竹纯林和阔叶林之间最为明显，其次为竹阔混交林和阔叶林（李永春等，2016）；Li 等人认为竹林扩张后土壤真菌群落结构的变化与土壤有机质组成、固氮的改变是密切相关的（Li et al.，2017）；Qin 等人的研究表明，竹林是通过改变土壤中的丛枝菌根真菌的群落结构和丰度进而增加土壤有机质含量来扩张的（Qin et al.，2017）。

而被称为根际微生物的存在于植物根际表面约1 mm 土壤中的微生物，其群落组成及生命活动在土壤－植物－微生物之间的相互作用关系中起着重要作用。植物将经过光合作用获得的产物通过其根系分泌物供给根际微生物，根际微生物则将土壤中的有机物质转换为无机养分反馈回植物使植物将其吸收，这种相互作用的关系维系了生态系统的物质循环。因此，在对外来植物入侵的研究中关注入侵、被入侵植物根际微生物群落结构及功能的变化对深入探究植物入侵机制有重要意义。而目前还未见有研究者对竹林扩张对被扩张森林中植物根际微生物群落结构产生的影响进行研究。

上述研究虽然探讨了竹林扩张对微生物群落结构的影响，但导致微生物群落结构发生改变的具体机理还不清晰，也未有是否与竹林扩张机制中的化感作用及新颖武器假说相关的报道；而且很少有研究解释微生物群落结构发生改变后对本地植物或者土壤的具体影响；另外，目前尚未有报道关于被入侵植物是否会受到竹林扩张的影响，从而导致作为植物与土壤之间传输营养物质的关键桥梁的根际微生物群落结构及功能发生改变。因此，竹林扩张对微生物尤其是根际微生物的影响需要进一步深入研究，本研究将以浙江庙山坞自然保护区三种森林类型土壤为研究对象，分析竹林扩张对土壤微生物群落结构和功能的影响。

4.2　结果

4.2.1　竹林扩张对土壤基础理化性质的影响

三种森林类型土壤的基础理化性质表明 pH 均呈酸性（表4－1），三种森林类型土壤 pH 排序为纯毛竹林＞毛竹扩张阔叶林＞纯阔叶林，且差异显著（$F_{1,2}$ = 49.72，$p<0.001$），这表明竹林扩张显著增大了土壤的 pH（$p<0.05$），亚热带次

生常绿阔叶林被竹林扩张后土壤 pH 增加了 11.6%。土壤总有机碳、总氮含量及碳氮比值均随着竹林的扩张而降低，其中总有机碳含量与碳氮比值显著降低（总有机碳：$F_{1,2}=13.86$，$p<0.001$；碳氮比：$F_{1,2}=27.33$，$p<0.001$），总有机碳含量比亚热带次生常绿阔叶林的总有机碳含量降低了 18.70%；与亚热带次生常绿阔叶林相比，被竹林扩张的亚热带次生常绿阔叶林总氮值虽然降低了 11.26%，但是并不显著（$p=0.068$），而土壤总磷含量随着竹林扩张没有明显的变化。

表 4－1　竹林扩张对土壤基础理化性质的影响

森林类型	总有机碳 /(g·kg⁻¹)	总氮 /(g·kg⁻¹)	总磷/%	碳氮比	pH
纯毛竹林	30.18 ± 2.79^{c}	2.97 ± 0.17^{b}	0.122 ± 0.004^{a}	9.98 ± 0.46^{c}	5.24 ± 0.06^{a}
毛竹扩张阔叶林	40.13 ± 1.54^{b}	3.23 ± 0.10^{ab}	0.104 ± 0.008^{ab}	12.43 ± 0.24^{b}	4.92 ± 0.06^{b}
纯阔叶林	49.36 ± 3.21^{a}	3.64 ± 0.19^{a}	0.100 ± 0.006^{b}	13.48 ± 0.27^{a}	4.41 ± 0.07^{c}

不同小写字母表示不同森林类型同一理化性质差异显著（$p<0.05$）；数值为“均值 ± 标准误差”。

表 4－2 表明，竹林扩张后的亚热带次生常绿阔叶林的微生物量碳（C_{mic}）、微生物量氮（N_{mic}）含量虽然略有增加但是整体变化不明显，而竹林扩张后的亚热带次生常绿阔叶林的微生物量碳/微生物量氮值则显著降低（$F_{1,2}=6.20$，$p=0.024$）。另外，微生物量碳与微生物量氮呈现显著正相关（$R^2=0.8424$，$p<0.05$）（图 4－1）。微生物量碳或微生物量氮占土壤总有机碳或全氮的比例，即微生物量碳/总有机碳和微生物量氮/总氮值均表现为纯竹林显著高于被扩张林与纯阔叶林（$F_{1,2}=5.268$，$p=0.013$；$F_{1,2}=6.814$，$p=0.005$）。

表 4－2　竹林扩张对土壤微生物量碳、氮的影响

	微生物量碳 /(mg·kg⁻¹)	微生物量氮 /(mg·kg⁻¹)	微生物量碳氮比	微生物量碳/总有机碳/%	微生物量氮/总氮/%
纯毛竹林	467.18 ± 150.95^{a}	127.15 ± 36.55^{a}	3.51 ± 0.28^{b}	1.79 ± 0.341^{a}	4.683 ± 0.709^{a}
毛竹扩张阔叶林	443.66 ± 49.76^{a}	118.16 ± 6.56^{a}	3.73 ± 0.23^{b}	1.053 ± 0.055^{b}	3.597 ± 0.125^{ab}
纯阔叶林	431.22 ± 70.46^{a}	89.82 ± 12.96^{a}	4.77 ± 0.29^{a}	0.835 ± 0.056^{b}	2.315 ± 0.097^{b}

上角标的不同小写字母表示不同森林类型同一理化性质差异显著（$p<0.05$）；数值为“均值 ± 标准误差”。

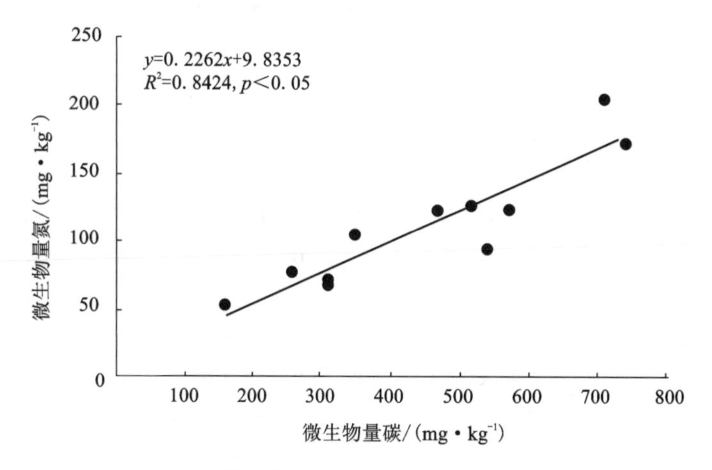

图 4-1　微生物量碳与微生物量氮的线性关系

4.2.2　竹林扩张对土壤微生物群落结构的影响

4.2.2.1　土壤微生物磷脂脂肪酸生物标记量变化

从庙山坞自然保护区纯阔叶林、毛竹人工林及被毛竹入侵的次生常绿阔叶林 3 种林型土壤样品中分别检测到 26 种、29 种、27 种磷脂脂肪酸。选取大于 0.01 nmol・g^{-1}的 26 种磷脂脂肪酸生物标记进行分析(表 4-3)。结果发现，除 18∶1 w5c(指示革兰氏阴性菌)只在纯竹林中存在，属于不完全分布，而其余磷脂脂肪酸生物标记在所有样地中均有发现，属于完全分布。

三种森林类型土壤中含量最高的磷脂脂肪酸生物标记均为 16∶00(指示革兰氏阴性菌)、15∶0 iso(指示革兰氏阳性菌)、19∶0 cyclo(指示革兰氏阴性菌)，分别占总磷脂脂肪酸含量的 13.31% ~ 15.36%，10.54% ~ 11.85%，11.98% ~ 13.14%。除不完全分布的 18∶1 w5c 外，各磷脂脂肪酸的含量均显示为被竹林扩张的纯阔叶林大于纯竹林和纯阔叶林。通过单因素方差分析各磷脂脂肪酸在不同森林类型中的差异，结果表明，不同森林类型土壤中 14∶0、16∶0、18∶0、19∶0 iso、14∶0 iso、15∶0 iso、15∶0 anteiso、16∶0 iso、17∶0 iso、16∶0 10-methyl、16∶1 w7c、17∶0 cyclo、18∶1 w7c、19∶0 cyclo、16∶1 w5c、18∶1 w9c 的含量无显著差异；15∶0、17∶0、17∶0 10-methyl、18∶2 w6, 9c、15∶0 3OH 和 16∶1 2OH 含量表现为纯竹林显著低于被竹林扩张的纯阔叶林，而与纯阔叶林无显著差异；17∶0 anteiso、18∶0 10-methyl、20∶1 w9c 的含量则表现为纯阔叶林显著低于被竹林扩张的纯阔叶林，而与竹林无显著的差异。综上所述，不同森林类型土壤中含量较高的磷脂脂肪酸种类相同，毛竹扩张仅对部分微生物产生影响。

表 4-3　不同森林类型中土壤磷脂脂肪酸质量摩尔浓度　单位：$nmol \cdot g^{-1}$

磷脂脂肪酸生物标记	森林类型		
	纯毛竹林	毛竹扩张阔叶林	纯阔叶林
14:0	0.21 ± 0.02^{a}	0.38 ± 0.09^{a}	0.35 ± 0.04^{a}
15:0	0.17 ± 0.02^{b}	0.31 ± 0.07^{a}	0.25 ± 0.03^{ab}
16:0	3.1 ± 0.36^{a}	5.04 ± 1.13^{a}	3.59 ± 0.24^{a}
17:0	0.12 ± 0.01^{b}	0.21 ± 0.04^{a}	0.16 ± 0.01^{ab}
18:0	0.78 ± 0.06^{a}	1.11 ± 0.25^{a}	0.69 ± 0.05^{a}
19:0 iso	0.05 ± 0.01^{a}	0.08 ± 0.03^{a}	0.04 ± 0^{a}
14:0 iso	0.13 ± 0.01^{a}	0.18 ± 0.04^{a}	0.12 ± 0.01^{a}
15:0 iso	2.7 ± 0.23^{a}	3.78 ± 0.9^{a}	2.77 ± 0.2^{a}
15:0 anteiso	1.29 ± 0.14^{a}	1.45 ± 0.32^{a}	0.81 ± 0.05^{a}
16:0 iso	1.24 ± 0.12^{a}	2.23 ± 0.52^{a}	1.66 ± 0.18^{a}
17:0 iso	0.84 ± 0.07^{a}	1.3 ± 0.28^{a}	0.75 ± 0.02^{a}
17:0 anteiso	0.54 ± 0.05^{ab}	0.75 ± 0.16^{a}	0.41 ± 0.02^{b}
16:0 10-methyl	1.89 ± 0.05^{a}	2.74 ± 0.62^{a}	2.07 ± 0.15^{a}
17:0 10-methyl	0.2 ± 0.02^{b}	0.38 ± 0.09^{a}	0.31 ± 0.02^{ab}
18:0 10-methyl	0.93 ± 0.1^{a}	1.71 ± 0.21^{a}	0.54 ± 0.03^{b}
16:1 w7c	0.83 ± 0.03^{a}	1.12 ± 0.25^{a}	0.69 ± 0.04^{a}
17:0 cyclo	0.4 ± 0.01^{a}	0.51 ± 0.12^{a}	0.41 ± 0.04^{a}
18:1 w7c	1.8 ± 0.36^{a}	2.71 ± 0.83^{a}	1.26 ± 0.14^{a}
18:1 w5c	0.31 ± 0.03	—	—
19:0 cyclo	2.79 ± 0.6^{a}	4.4 ± 1.28^{a}	3.07 ± 0.28^{a}
16:1 w5c	0.64 ± 0.04^{a}	0.77 ± 0.19^{a}	0.43 ± 0.03^{a}
18:2 w6, 9c	0.22 ± 0.02^{b}	0.38 ± 0.06^{a}	0.32 ± 0.05^{ab}
18:1 w9c	1.49 ± 0.17^{a}	2.49 ± 0.54^{a}	1.63 ± 0.1^{a}
20:1 w9c	0.38 ± 0.06^{ab}	0.67 ± 0.14^{a}	0.29 ± 0.03^{b}
15:0 3OH	0.58 ± 0.04^{b}	1.2 ± 0.26^{a}	0.77 ± 0.05^{ab}
16:1 2OH	0.21 ± 0.02^{b}	0.38 ± 0.09^{a}	0.35 ± 0.04^{ab}

上角标的不同小写字母表示不同森林类型同种磷脂脂肪酸质量摩尔浓度差异显著（$p < 0.05$）；“—”表示此种磷脂脂肪酸在该样地中未检出；数值为“均值 ± 标准误差”。

4.2.2.2　土壤磷脂脂肪酸主成分分析

我们对三种森林类型土壤（每个土壤 4 个重复）的磷脂脂肪酸的摩尔分数进行主成分分析（图 4-2），结果显示：与土壤磷脂脂肪酸群落结构组成相关的 2 个主成分累计贡献率可达 78.8%，其中主成分 1 能够解释微生物群落结构 51.6%

的变异，主成分2能够解释27.2%的变异。土壤样品沿第一坐标可被区分为两类，其中纯阔叶林可从纯毛竹林、毛竹扩张阔叶林中区分出来，位于主成分1、2的正端，而纯毛竹林和毛竹扩张阔叶林则无法明显区分，均位于主成分2的负端。这表明竹林扩张影响了土壤微生物群落结构，使其发生改变，毛竹扩张阔叶林中的土壤微生物群落结构有趋同于毛竹林的土壤微生物结构组成的倾向。

不同森林类型土壤之间的微生物群落结构的差异主要是由单体磷脂脂肪酸的质量摩尔浓度变化所引起的。按MAD值(中位数绝对偏差)排序取波动最大的前6种磷脂脂肪酸，分别为：15:0 iso、16:0、16:0 10 - methyl、18:0 10 - methyl、18:1 w7c和19:0 cyclo。结果显示，对主成分1有主要作用的磷脂脂肪酸有15:0 iso、16:0和18:0 10 - methyl，其中15:0 iso、16:0与主成分1正相关，18:0 10 - methyl与主成分1负相关；对主成分2有主要作用的磷脂脂肪酸为16:0 10 - methyl和18:1 w7c，其中16:0 10 - methyl与主成分2正相关，18:1 w7c与主成分2负相关。由此可见，15:0 iso、16:0、16:0 10 - methyl、18:0 10 - methyl和18:1 w7c是影响土壤微生物的主要磷脂脂肪酸。

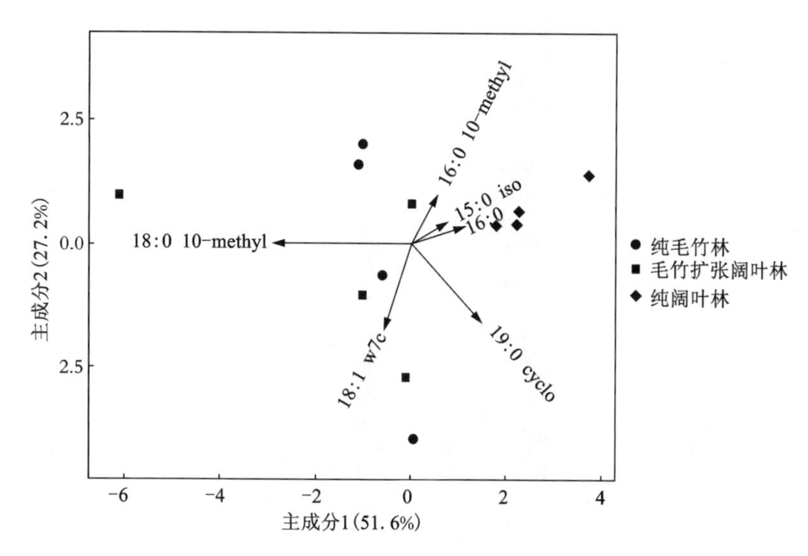

图4-2　不同森林类型的土壤磷脂脂肪酸的主成分分析

4.2.2.3　土壤特征微生物群落结构分布

根据表4-1，对磷脂脂肪酸所对应的微生物类群进行分类，并分别统计和计算三种森林类型土壤中的总磷脂脂肪酸质量摩尔浓度，革兰氏阴性菌(Gram - negative Bacteria，G -)、革兰氏阳性菌(Gram - positive Bacteria，G +)、细菌(Bacteria，B)、真菌(Fungi，F)、丛枝菌根真菌(Arbuscular Mycorrhizal Fungi，

AMF)及放线菌(Actinomycetes，Act)的摩尔分数。并进一步计算丛枝菌根真菌/真菌，17∶0 cyclo/18∶1w7c、19∶0 cyclo/18∶1w7c(指示微生物群落受土壤养分和生理胁迫的状况)，真菌/细菌和革兰氏阳性菌/革兰氏阴性菌的比值。

三种森林类型的总磷脂脂肪酸质量摩尔浓度的均值分别为：纯竹林 22.59 nmol/g，被竹林扩张的纯阔叶林 33.93 nmol/g，纯阔叶林 22.28 nmol/g。单因素方差分析结果显示，竹林扩张虽然会使土壤的总磷脂脂肪酸质量摩尔浓度增加 32.93%，但是结果并不显著($F_{1,2}=1.895$，$p=0.206$)。竹林扩张对不同微生物类群含量的影响如图4-3所示，结果显示，竹林扩张导致土壤中的丛枝菌根真菌数量显著增加($F_{1,2}=50.437$，$p<0.001$)，被竹林扩张的阔叶林比纯阔叶林的丛枝菌根真菌数量增加了 16.49%。而其他微生物类群的含量没有明显的变化。其中细菌、革兰氏阴性菌和革兰氏阳性菌的含量显示为竹林扩张导致三者的含量小幅降低，放线菌的含量则小幅增加，真菌的含量则变化不大。

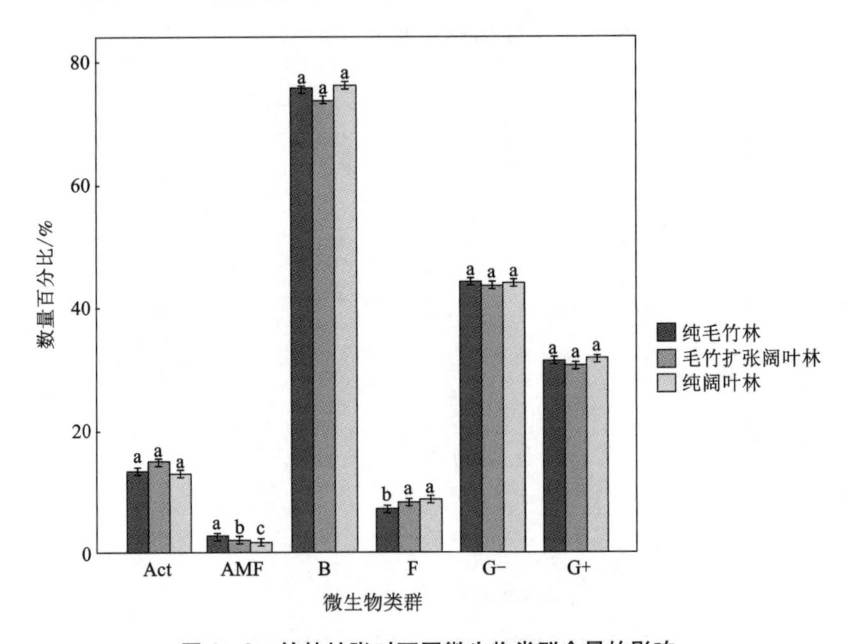

图4-3 竹林扩张对不同微生物类群含量的影响

所得数值为“均值±标准误差”，不同小写字母表示同一微生物类群在不同森林类型之间差异显著($p<0.05$)。G-：革兰氏阴性菌(Gram-negative Bacteria)；G+：革兰氏阳性菌(Gram-positive Bacteria)；B：细菌(Bacteria)；F：真菌(Fungi)；AMF：丛枝菌根真菌(Arbuscular Mycorrhizal Fungi)；Act：放线菌(Actinomycetes)。

竹林扩张对不同土壤微生物类群间比值的影响如图4-4所示，其中AMF/F的值随着竹林的扩张显著增加($F_{1,2}=37.974$, $p<0.001$)，被入侵的森林土壤比纯阔叶林的比值增加了18.49%；17:0 cyclo/16:1w7c的比值显著降低($F_{1,2}=10.382$, $p=0.005$)，被入侵的森林土壤比纯阔叶林的比值降低了24.48%。19:0 cyclo/18:1w7c、真菌/细菌和革兰氏阳性菌/革兰氏阴性菌的比值则没有显著的变化。

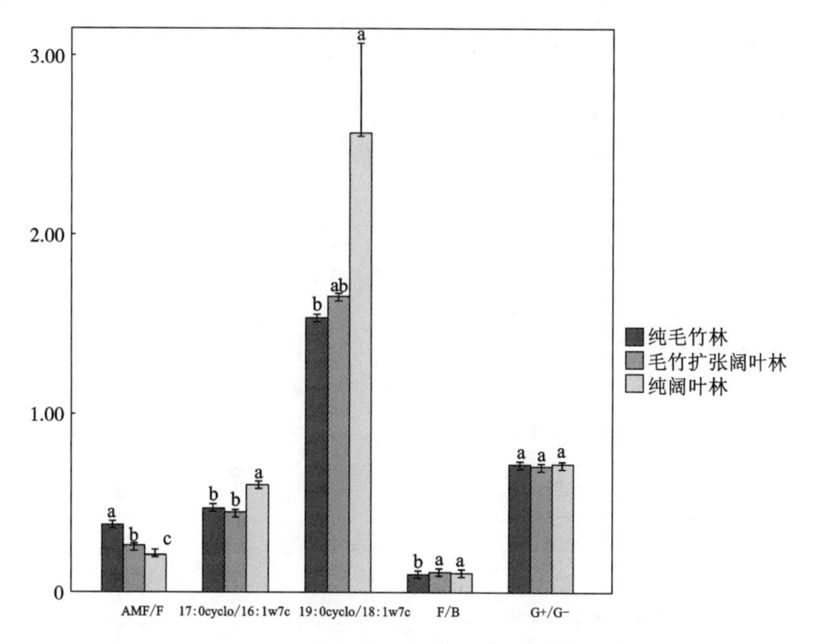

图4-4 竹林扩张对不同土壤微生物类群间比值的影响

所得数值为"均值±标准误差"，不同小写字母表示微生物类群比值在不同森林类型之间差异显著($p<0.05$)。AMF/F：丛枝菌根真菌/真菌；F/B：真菌/细菌；G+/G-：革兰氏阳性菌/革兰氏阴性菌。

4.2.2.4 土壤微生物群落结构与土壤理化性质之间的相关关系

土壤理化性质与表征土壤微生物群落结构的诸多指标表现出较好的相关性，表明理化性质对土壤微生物群落结构组成的影响。土壤微生物群落与土壤理化性质之间的相关关系如表4-4所示，其中磷脂脂肪酸总的质量摩尔浓度与土壤微生物生物量、微生物量碳/总有机碳、微生物量氮/总氮为显著正相关；丛枝菌根真菌与土壤总有机碳、碳氮比为显著负相关，pH为显著正相关；17:0 cyclo/16:1 w7c的值与土壤总有机碳、微生物量碳/微生物量氮为显著正相关，与pH、微生物量氮/总氮为显著负相关。

表 4-4　土壤理化性质与微生物类群和生物量之间的相关系数

土壤理化性质	总磷脂脂肪酸	革兰氏阳性菌	革兰氏阴性菌	细菌	放线菌		真菌	17:0 cyclo/16:1w7c	19:0 cyclo/18:1w7c	丛枝菌根真菌/真菌	真菌/细菌	革兰氏阳性菌/革兰氏阴性菌
总有机碳	0.20	0.16	0.11	0.28	-0.14	-0.63**	0.23	0.37*	0.62**	-0.55**	0.20	-0.15
总氮	0.17	0.08	0.17	0.38*	-0.23	-0.33	-0.02	0.31	0.45*	-0.31	-0.04	-0.14
总磷	0.34	0.11	0.06	0.34	-0.05	0.42*	-0.62**	0.08	-0.33	0.56**	-0.68**	-0.18
碳氮比	0.10	0.20	-0.01	0.09	-0.03	-0.78**	0.45*	0.33	0.71**	-0.71**	0.44*	-0.03
pH	-0.16	-0.22	-0.24	-0.33	0.30	0.72**	-0.39*	-0.57**	-0.85**	0.74**	-0.30	0.10
微生物量碳	0.42*	-0.33	0.54**	0.68**	-0.61**	0.17	-0.31	0.05	0.08	0.13	-0.44*	-0.37
微生物量氮	0.63**	-0.56**	0.55**	0.56**	-0.53**	0.27	-0.38	-0.37	-0.20	0.37	-0.48*	-0.51**
微生物量碳/微生物量氮	-0.15	0.19	0.29	0.41*	-0.32	-0.46*	0.26	0.74**	0.69**	-0.63**	0.19	-0.07
微生物量碳/总有机碳	0.45*	-0.39*	0.42*	0.44*	-0.40*	0.46*	-0.40*	-0.34	-0.37	0.44*	-0.53**	-0.34
微生物量氮/总氮	0.59**	-0.57**	0.43*	0.32	-0.37	0.40*	-0.36	-0.57**	-0.41*	0.51**	-0.44*	-0.47*

** 为 0.01 的极显著水平；* 为 0.05 的显著水平

4.2.3　竹林扩张对植物根际细菌的影响

本部分实验对毛竹和青冈根际土壤32个样品的DNA进行16S rDNA－聚合酶链式反应扩增后进行高通量测序，共获得1104089条高质量序列，平均每个样品34502.8条(范围在5556和66606之间)，利用unoise3(Edgar et al.，2015)生成8430个细菌OTUs。其中57个OTUs(0.7%)存在于所有的样品中，374个OTUs(4.4%)存在于90%的样品中，4863个OTUs(57.7%)存在于50%的样品中。对样品在OTU水平上进行α－多样性、β－多样性的分析，在物种水平上对其群落组成进行分析，并对其功能进行预测及注释，分析竹林扩张对植物根际细菌群落多样性及功能的影响。

4.2.3.1　竹林扩张对植物根际细菌群落多样性的影响

分析植物根际土壤细菌物种丰富度和香农指数(图4－5)，结果表明，与纯阔叶林相比毛竹扩张阔叶林中青冈根际细菌的物种丰富度和香农指数均有所上升，其中细菌的物种丰富度显著增加；纯阔叶林和毛竹扩张阔叶林两种森林类型中的毛竹根际细菌的物种丰富度和香农指数均没有显著变化；另外，毛竹扩张阔叶林－青冈的根际细菌的物种丰富度显著高于纯阔叶林－青冈、毛竹扩张阔叶林－毛竹和纯毛竹林－毛竹的物种丰富度。这表明竹林扩张使青冈根际细菌的物种总数显著上升，而对其细菌的群落多样性没有显著影响；对毛竹根际细菌的物种总数和物种多样性均没有影响。

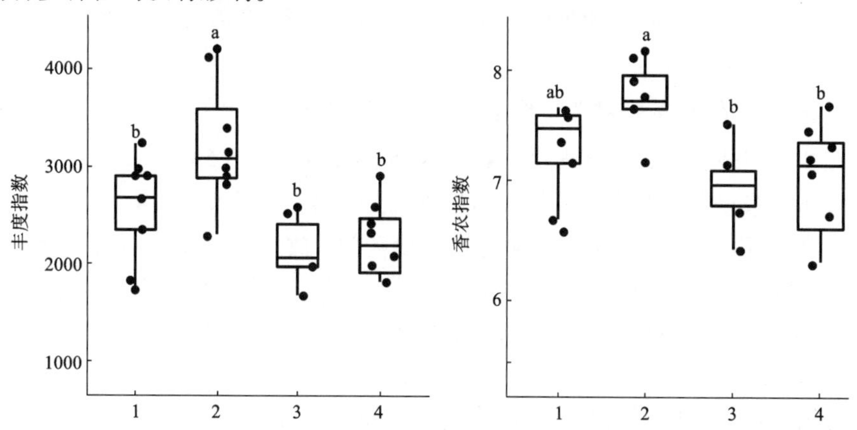

图4－5　植物根际土壤细菌物种丰富度及香农指数的变化

1—纯阔－青冈：纯阔叶林－青冈，纯阔叶林中的青冈；2—毛扩－青冈：毛竹扩张阔叶林－青冈，被毛竹入侵的阔叶林中的青冈；3—毛扩－毛竹：毛竹扩张阔叶林－毛竹，被毛竹入侵的纯阔叶林中的毛竹；4—纯竹－毛竹：纯毛竹林－毛竹，人工纯毛竹林中的毛竹，文章后续均用此缩写代表。不同小写字母表示不同样品的α－多样性指数之间的差异显著($p<0.05$)。

基于 weighted unifrac 距离的主坐标分析(PCoA)表明，毛竹扩张阔叶林 - 毛竹和纯毛竹林 - 毛竹样品的距离较近，二者和纯阔叶林 - 青冈、毛竹扩张阔叶林 - 青冈的细菌群落结构明显不同(图 4 - 6)。其中主坐标分析中第一主坐标轴解释了微生物结构变化的 41.17%，第二主坐标轴解释了微生物结构变化的 28.33%，两坐标轴共解释了微生物结构变化的 69.50%，且第二主坐标轴可以明显将纯阔叶林和毛竹扩张阔叶林两种不同的森林类型的青冈根际土壤细菌群落分开($p = 0.0002$)。因此，竹林扩张对青冈根际土壤细菌群落结构有影响，竹林扩张后，青冈根际细菌的群落结构发生显著变化，细菌群落结构逐渐与毛竹根际相似。竹林扩张对青冈根际土壤细菌群落的 α - 多样性、β - 多样性均存在影响。

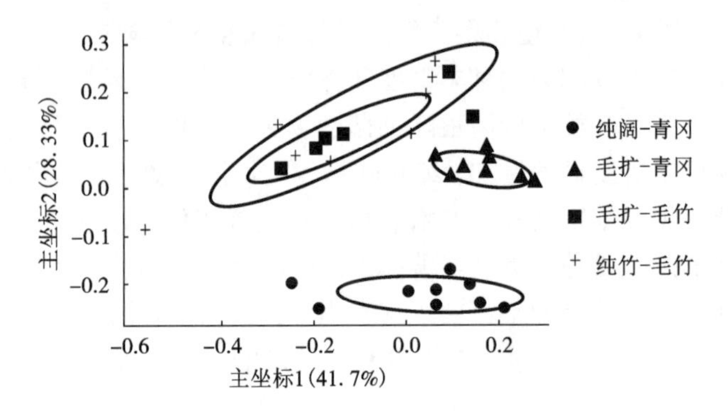

图 4 - 6　基于 weighted unifrac 距离的细菌群落结构的主坐标分析

4.2.3.2　竹林扩张对植物根际细菌物种组成的影响

在物种组成方面，共检测到细菌从属 15 门 24 纲 25 目 58 科 86 属。研究结果表明竹林扩张显著地改变了植物根际土壤细菌主要门的含量(图 4 - 7，图 4 - 8)。毛竹扩张阔叶林中的青冈根际土壤中，变形菌门、放线菌门和蓝菌门的含量显著低于纯阔叶林[图 4 - 8(a)、(c)、(f)]，酸杆菌门的含量显著升高[图 4 - 8(b)]。而随着竹林的扩张，毛竹自身根际土壤细菌主要门含量却没有显著的变化。

对植物根际土壤细菌群落变化的进一步分析表明，门水平含量的变化是由纲或者更低的分类单元的变化导致的(表 4 - 5)。竹林扩张会影响青冈根际细菌门水平上的结构组成。青冈根际细菌酸杆菌门含量的显著升高主要是由 Acidobacteria Gp1、Acidobacteria Gp2、Acidobacteria Gp3 纲含量的变化共同导致的，放线菌门含量的显著降低主要是由 Actinobacteria 纲含量的显著降低导致的，变形菌门含量的显著降低主要是由 β - 变形菌纲(Betaproteobacteria)纲的变化引起的，蓝菌门含量的显著降低是由叶绿体纲(Chloroplast)的变化导致的。因此，竹林扩张会影响青冈根际细菌门水平上的结构组成。

表 4 –5　植物根际细菌主要纲水平含量的变化

纲(class)	纯阔叶林 – 青冈	毛竹扩张阔叶林 – 青冈	毛竹扩张阔叶林 – 毛竹	纯毛竹林 – 毛竹
酸杆菌纲 Gp1	10.95 ± 0.97^{b}	17.77 ± 0.82^{a}	9.99 ± 1.46^{b}	9.85 ± 1.51^{b}
α – 变形菌纲	16.39 ± 1.28^{a}	16.19 ± 0.91^{a}	11.95 ± 1.69^{a}	13.83 ± 2.28^{a}
放线菌纲	18.54 ± 2.07^{a}	11.8 ± 0.9^{b}	7.36 ± 0.78^{b}	8.2 ± 1.24^{b}
酸杆菌纲 Gp2	4.08 ± 0.61^{c}	14.17 ± 0.83^{ab}	15.42 ± 1.69^{a}	10.48 ± 2.12^{b}
γ – 变形菌纲	7.06 ± 0.4^{a}	8.24 ± 1.39^{a}	8.2 ± 1.5^{a}	14.89 ± 6.17^{a}
β – 变形菌纲	26.16 ± 5.43^{ab}	13.19 ± 2.28^{b}	29.97 ± 5.96^{a}	28.53 ± 4.69^{a}
酸杆菌纲 Gp3	1.95 ± 0.33^{c}	5.47 ± 0.3^{a}	3.19 ± 0.67^{bc}	3.89 ± 0.72^{b}
鞘脂杆菌纲	2.03 ± 0.25^{a}	0.8 ± 0.2^{a}	1.49 ± 0.84^{a}	1.67 ± 0.53^{a}
浮霉菌纲	3.56 ± 0.45^{a}	2.64 ± 0.23^{a}	1.51 ± 0.28^{b}	1.15 ± 0.29^{b}
斯巴杆菌纲	0.16 ± 0.08^{b}	0.92 ± 0.28^{a}	0.84 ± 0.21^{ab}	1.33 ± 0.37^{a}
叶绿体	4.2 ± 0.69^{a}	0.78 ± 0.22^{b}	0.32 ± 0.14^{b}	0.32 ± 0.07^{b}

不同字母代表在 $p = 0.05$ 水平上差异显著。

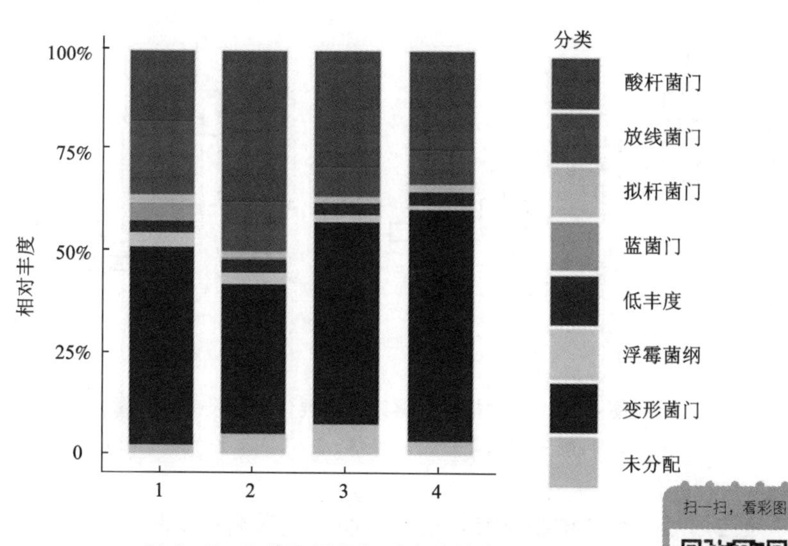

图 4 –7　细菌主要门相对丰度的变化

1—纯阔 – 青冈；2—毛扩 – 青冈；3—毛扩 – 毛竹；4—纯竹 – 毛竹

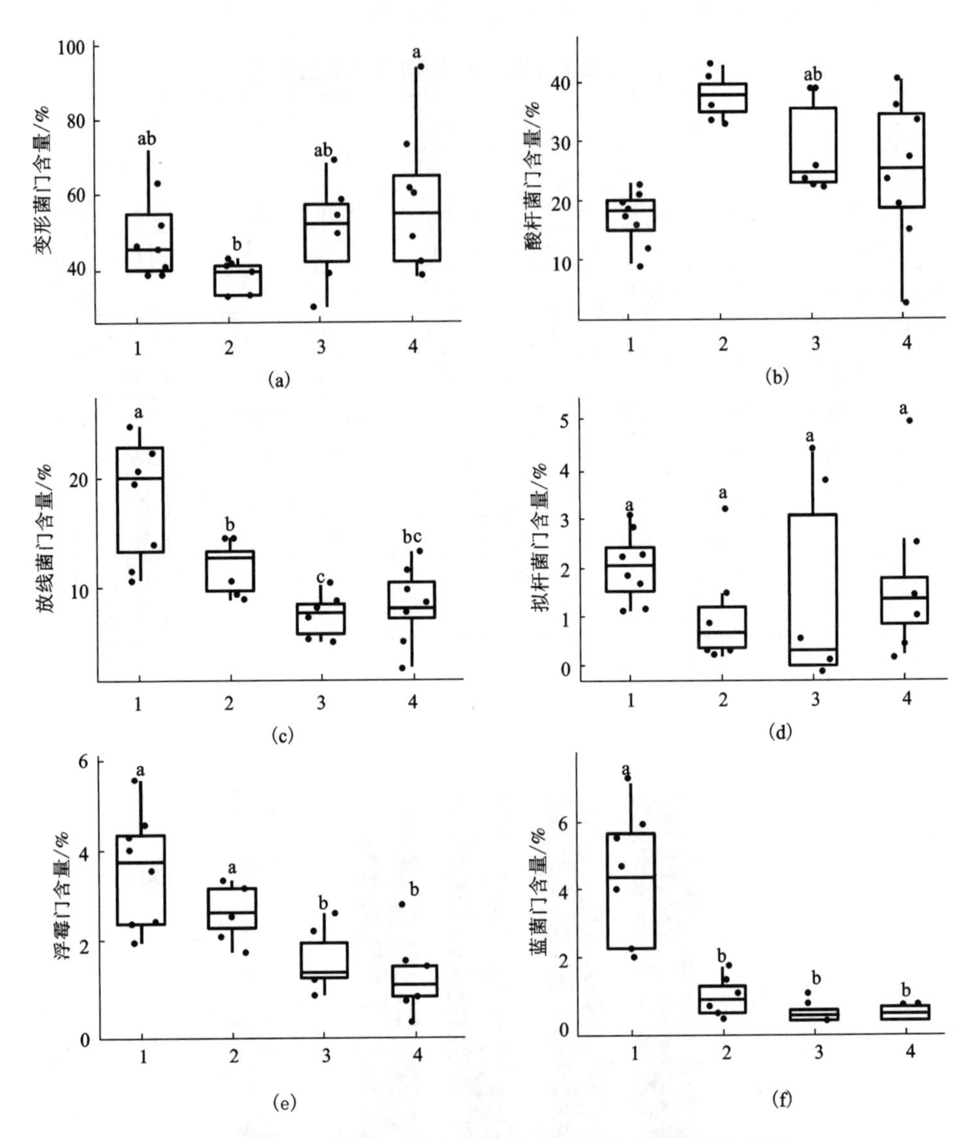

图 4-8 植物根际土壤细菌主要门均值及差异显著性比较

1—纯阔-青冈；2—毛扩-青冈；3—毛扩-毛竹；4—纯竹-毛竹

4.2.3.3 竹林扩张对植物根际细菌功能影响的预测

根据对细菌的16S序列的分类注释结果，利用FAPROTAX对微生物与生物地球化学循环相关的群落功能进行预测及注释。结果发现，共有1034个OTU被注释至少一种群落功能，被注释的群落功能及OTU数量见表4-6。

表4-6　被注释的群落功能及OTU数量

群落功能	OTU数量
甲醇氧化(methanol oxidation)	1
甲基营养(methylotrophy)	1
好氧氨氧化(aerobic ammonia oxidation)	29
硝化作用(nitrification)	29
固氮作用(nitrogen fixation)	61
发酵作用(fermentation)	45
有氧化能异养(aerobic chemoheterotrophy)	873
人类病原菌(human pathogens)	1
动物寄生虫或共生体(animal parasites or symbionts)	1
芳香族化合物降解(aromatic compound degradation)	2
硝酸盐还原(nitrate reduction)	18
掠夺性或外寄生(predatory or exoparasitic)	8
叶绿体(chloroplasts)	69
尿素水解(ureolysis)	86
化能异养(chemoheterotrophy)	919

对纯阔叶林及毛竹扩张阔叶林中的青冈根际土壤细菌在OTU水平上进行单因素方差分析，结果表明具有叶绿体、硝化作用、好氧氨氧化、硝酸盐还原、化能异养和发酵作用群落功能的OTU所占比例有显著的变化(图4-9)，其中青冈根际土壤中具有叶绿体、硝化作用、好氧氨氧化群落功能的OTU所占比例在竹林扩张后显著降低，有硝酸盐还原、化能异养和发酵作用群落功能的OTU所占比例显著增加。

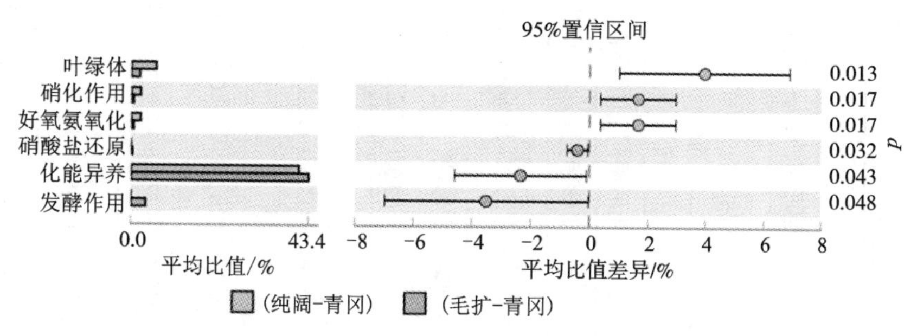

图4-9　OTU数量有显著差异的群落功能

通过LefSe分析获得细菌显著差异种与FAPROTAX注释的OTU比较，挑选出与群落功能相关的细菌菌种进行单因素方差分析，结果发现在种属水平上共有14种被标记群落功能的细菌在纯阔叶林和毛竹扩张阔叶林中的青冈根际有显著变化(表4-7)。

表 4-7 被注释群落功能的细菌及其组间差异

群落功能	物种信息	富集情况	p
发酵作用	细菌；变形菌门；γ-变形菌纲；肠杆菌目；肠杆菌科；沙雷氏菌属	毛竹扩张阔叶林-青冈	0.031621
有氧化能异养；化能异养	细菌；放线菌门；放线菌纲；高温单孢菌科；放线异壁酸菌属	毛竹扩张阔叶林-青冈	0.00453
化能异养	细菌；变形菌门；α-变形菌纲；柄杆菌目；柄杆菌科；不粘柄菌属	纯阔叶林-青冈	0.000225
叶绿体	细菌；变形菌门；叶绿体纲；叶绿体目；链型藻	纯阔叶林-青冈	2.51E-05
有氧化能异养	细菌；变形菌门；α-变形菌纲；柄杆菌目；柄杆菌科；不粘柄菌属	毛竹扩张阔叶林-青冈	0.000248
有氧氨氧化；硝化作用	古菌；奇古菌门；亚硝化球菌纲；亚硝化球菌目；亚硝化球菌科	纯阔叶林-青冈	0.000364
有氧化能异养	细菌；变形菌门；α-变形菌纲；红螺菌目；醋酸菌科；酸胞菌属	纯阔叶林-青冈	1.60×10^{-6}
有氧化能异养	细菌；放线菌门；放线菌纲；放线菌目；从生放线菌科；从生放线菌目	纯阔叶林-青冈	1.57×10^{-6}
有氧化能异养；芳香族化合物降解；化能异养	细菌；放线菌门；放线菌纲；放线菌目；诺卡氏菌科；诺卡氏菌属	纯阔叶林-青冈	0.013304
化能异养	细菌；放线菌门；放线菌纲；红色杆菌目；红色杆菌科；红色杆菌属	纯阔叶林-青冈	0.023349
有氧化能异养；化能异养	细菌；变形菌门；α-变形菌纲；根瘤菌目；生丝微菌科；德沃斯氏菌属	毛竹扩张阔叶林-青冈	0.034614
有氧化能异养；尿素水解；化能异养	细菌；浮霉菌门；浮霉菌纲；浮霉菌目；浮霉菌科；Singulisphaera	纯阔叶林-青冈	4.34×10^{-5}
化能异养	细菌；放线菌门；放线菌纲；放线菌目；诺卡氏菌科	纯阔叶林-青冈	0.013304
有氧化能异养	细菌；放线菌门；放线菌纲；放线菌目；小单孢菌科；皱纹单孢菌属	纯阔叶林-青冈	0.0463

物种注释：界；门；纲；目；科；属

4.2.4　竹林扩张对植物根际真菌的影响

本部分实验通过对毛竹和青冈根际土32个样品的DNA进行ITS－聚合酶链式反应扩增后的高通量测序，共获得547348条高质量序列，平均每个样品17104.6条（范围在12528和13138之间），利用unoise3生成4822个真菌OTUs。其中38个OTUs（0.8%）存在于所有的样品中，81个OTUs（1.7%）存在于90%的样品中，363个OTUs（7.5%）存在于50%的样品中。对样品在OTU水平上进行α－多样性、β－多样性的分析，在物种水平上对其群落组成进行分析，并对其功能进行预测及注释，分析竹林扩张对植物根际真菌群落多样性及功能的影响。

4.2.4.1　竹林扩张对植物根际真菌群落多样性的影响

分析植物根际土壤真菌物种丰富度和香农指数（图4－10），结果表明，纯阔叶林和毛竹扩张阔叶林中青冈、毛竹根际真菌的物种丰富度均无显著差异（$p=0.982$；$p=0.380$），纯阔叶林和毛竹扩张阔叶林中青冈根际真菌的香农指数也无显著差异（$p=0.437$），而与其他三者相比毛竹扩张阔叶林中毛竹根际真菌的香农指数却显著低于纯毛竹林中的毛竹根际真菌（$p=0.018$）。这表明竹林扩张对青冈根际真菌的物种总数、群落多样性均没有显著影响，但在毛竹扩张过程中，毛竹根际真菌的物种多样性均显著降低。

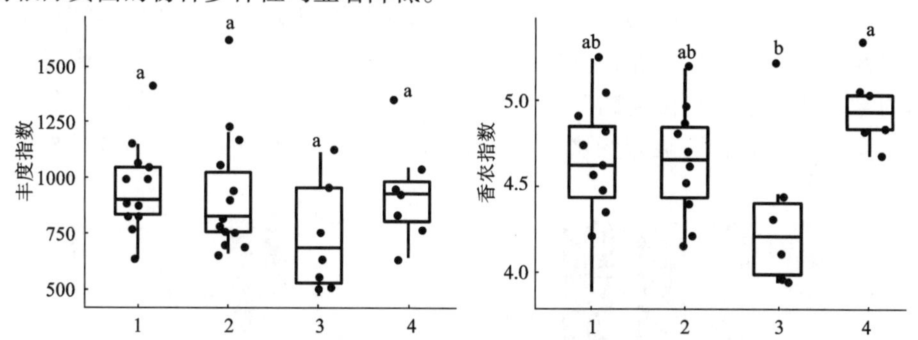

图4－10　植物根际土壤真菌物种丰富度及香农指数的变化

1—纯阔－青冈；2—毛扩－青冈；3—毛扩－毛竹；4—纯竹－毛竹；

不同小写字母表示不同样品的α－多样性指数之间差异显著（$p<0.05$）

基于weighted unifrac距离的主坐标分析（PCoA）表明，毛竹扩张阔叶林－青冈、毛竹扩张阔叶林－毛竹和纯毛竹林－毛竹样品的距离较近，三者和纯阔叶林－青冈的真菌群落结构明显不同，纯阔叶林－青冈和纯毛竹林－毛竹相距最远（图4－11）。主坐标分析中第一主坐标轴解释了微生物结构变化的23.43%，第二主坐标轴解释了微生物结构变化的11.67%，两坐标轴共解释了微生物结构变化的35.10%，且第二主坐标轴可以明显将纯阔叶林的青冈根际土壤真菌群落区分开

($p<0.001$)。因此，竹林扩张对青冈根际土壤真菌群落结构有影响，竹林扩张后，青冈根际真菌的群落结构发生显著变化，真菌群落结构逐渐与毛竹根际相似。因此，竹林扩张对青冈根际土壤真菌群落的 α-多样性不存在显著影响，而对 β-多样性存在影响。

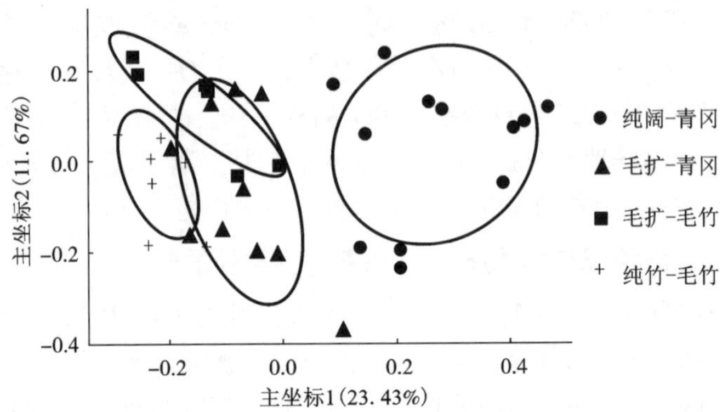

图 4-11　基于 weighted unifrac 距离的真菌群落结构的主坐标分析

4.2.4.2　竹林扩张对植物根际真菌物种组成的影响

在物种组成方面，共检测到根际真菌从属子囊菌门、担子菌门及接合菌门 3 门，14 纲 49 目 100 科 173 属。结果表明竹林扩张显著改变了植物根际土壤真菌门的含量(图 4-12、图 4-13)。毛竹扩张阔叶林中的青冈根际土壤中子囊菌门的含量显著低于其在纯阔叶林中的含量，接合菌门的含量显著升高(图 4-12)，而担子菌门没有显著变化，毛竹自身根际土壤真菌担子菌门的含量显著降低(图 4-13)。

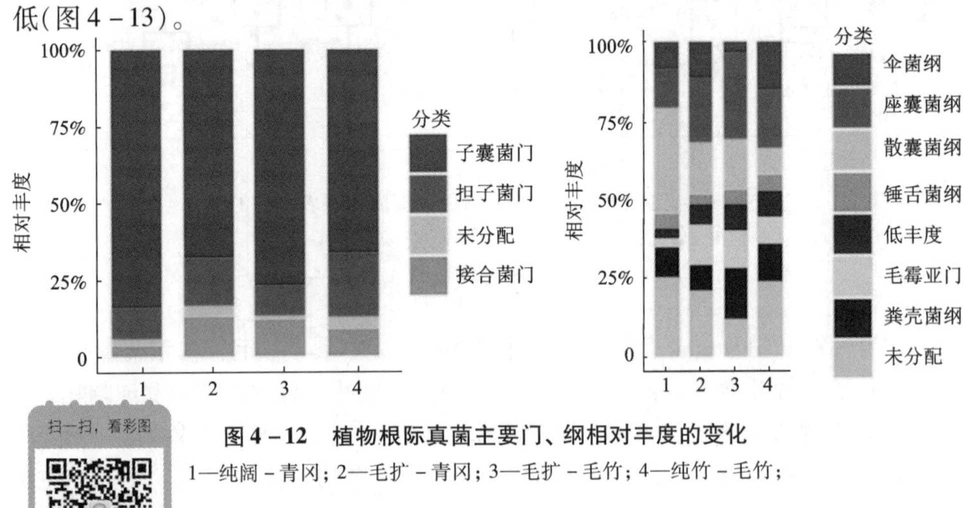

图 4-12　植物根际真菌主要门、纲相对丰度的变化

1—纯阔-青冈；2—毛扩-青冈；3—毛扩-毛竹；4—纯竹-毛竹；

对植物根际土壤真菌群落变化的进一步分析表明，门水平相对丰度的变化是由纲或者更低的分类单元的变化导致的。竹林扩张后，青冈根际真菌中属于子囊菌门的散囊菌纲(Eurotiomycetes)含量从34.00%显著降低到16.48%($p <$ 0.001)；毛竹根际真菌子囊菌门Eurotiomycetes含量从8.76%增加到17.66%($p =$ 0.038)，担子菌门伞菌纲(Agaricomycetes)的含量从14.16%显著下降到2.50%(p $=0.037$)。

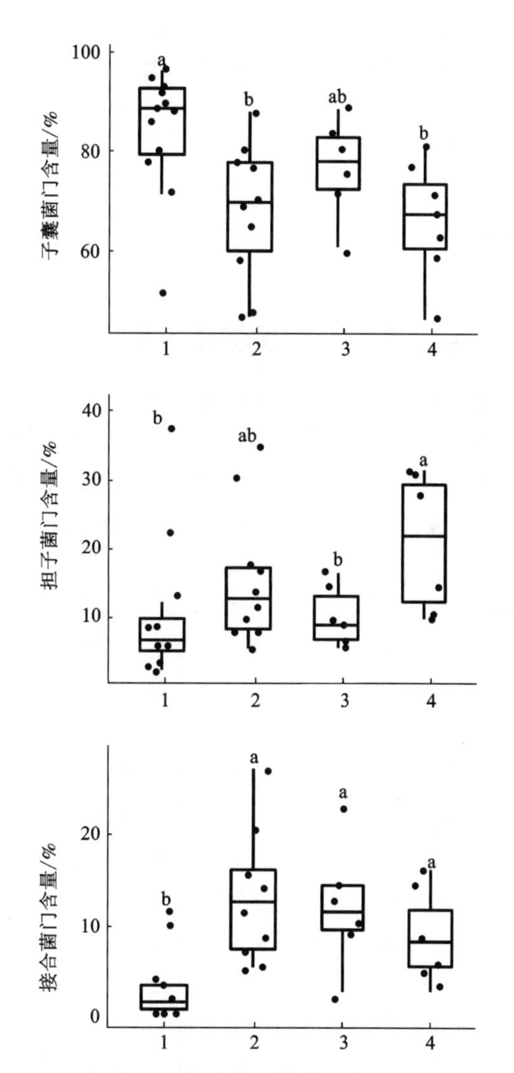

图4-13　植物根际土壤真菌主要门均值及差异显著性比较

不同字母代表在 $p = 0.05$ 水平上差异显著。

1—纯阔—青冈；2—毛扩—青冈；3—毛扩—毛竹；4—纯竹—毛竹

4.2.4.3 竹林扩张对植物根际真菌功能分组的影响

根据对真菌 ITS 序列的分类注释结果，利用 FunGuild 对真菌的功能分组进行预测及注释。结果发现，共有 1902 个 OTUs 被注释营养方式，根据数据库提供的置信度评估等级(Nguyen et al.，2016)，筛选出“极可能”和“很可能”两种置信度等级的数据进行分析。按照不同的营养方式将 OTUs 分为病原(pathotroph)、共生(symbiotroph)、腐生(saprotroph)三种营养方式。对竹林扩张前后的青冈、毛竹植物根际真菌不同营养方式进行单因素方差分析，结果表明竹林扩张导致青冈根际共生营养型真菌的相对含量显著减少，病原营养型真菌的相对含量显著增加，腐生营养型真菌的相对含量无显著变化。而竹林扩张前后毛竹根际真菌的各营养方式的相对含量均没有显著变化。

4.3 本章讨论

4.3.1 竹林扩张造成土壤理化性质与微生物多样性改变

本研究发现，竹林扩张可以在一定程度上改变土壤的理化性质。一方面。竹林扩张显著提高了土壤的 pH，该现象产生的原因可能是土壤中的某些化学特质发生改变引起的，譬如阳离子的交换能力发生变化导致的(Sasaki，2012)。这与在日本中部(Umemura & Takenaka，2015)、日本南部(Sasaki，2012；Yokoo，2005)、中国东部(Xu et al.，2015；Li et al.，2014)、中国南部(Chang & Chiu，2015；Lin et al.，2014)等地对有毛竹扩张现象的森林进行研究得出的结果一致。而宋庆妮等人在中国江西对竹林扩张的研究发现，土壤 pH 在竹林扩张后反倒有所增加(宋庆妮等，2013)，但是产生差异结果的原因尚不清楚，有待于进一步的研究。

另一方面，土壤总有机碳、总氮含量及碳氮比值均随着竹林的扩张而降低，这一结果与部分研究结果相似(Bai et al.，2016；Lin et al.，2014)。不同的研究结果主要包括：Wu 等人对中国浙江、Song 等人对中国江西被竹林扩张的亚热带阔叶林的研究发现，与阔叶林相比其总有机碳、总氮含量显著增加(Wu et al.，2008；Song et al.，2013)；Wang 等人研究被毛竹扩张的常绿阔叶林的总有机碳含量时也发现了相同的变化(Wang et al.，2017)；Qin 等人的研究表明竹林扩张过程中通过影响土壤中的丛枝菌根真菌的群落和丰度使土壤的总有机碳含量增加(Qin et al.，2017)。产生这种差异的原因可能是样品采集时间不同导致的。土壤样品在生长季进行采集，与此同时毛竹也在高速生长。有研究表明，在此期间，尤其是毛竹出笋期前后总有机碳、总氮含量有显著差异，毛竹高速生长后会导致总有机碳、总氮含量显著降低(王雪芹等，2012)。竹林的微生物量碳、微生物量氮含量相对较高可能是由于竹子根系较浅且根系发达导致的(蔡亮等, 2013)。微生物量碳/总有机碳的值可以反映土壤对有机质潜在的固定能力(Sparling, 1992),而竹子丰富的根系结构可以为土壤提供更多的生物活性有机碳(Zhang et al., 2003)。因此竹林扩张可以在一定程度上改变土壤的理化性质。

近年来,学术界对外来物种入侵机制开展了大量研究。外来植物入侵后,一旦环境条件适宜它们便会开始迅速扩张蔓延(Marler et al., 1999)。而随着外来植物的扩张,地上的植物群落发生改变会进一步影响地下的微生物群落,使其发生结构等的变化(Copetta et al., 2006)。随着对地下部分微生物生态研究的深入,有一种观点也被证实,即外来植物通过改变被入侵土壤中微生物群落结构(Reinhart, 2006),从而破坏本土植物与土壤微生物之间的平衡关系,最终破坏本地物种的生长(Yu et al., 2005)。在中国亚热带地区,毛竹属于本地物种,由于具有较高的经济开发利用价值,近年来被广泛种植,作为克隆植物的毛竹通过生理整合机制后具有较强的扩张性,加上亚热带森林受严重人为干扰导致质量低下,为毛竹扩张提供了条件,最终对生态环境造成影响(Larpkern et al., 2011)。然而,毛竹扩张是否也符合外来植物的入侵模式仍值得进一步研究。

本研究的结果显示,竹林扩张到亚热带次生常绿阔叶林后,虽然对土壤磷脂脂肪酸的种类组成上没有明显的改变,但是主要由15:0 iso、16:0、16:0 10 - methyl、18:0 10 - methyl、18:1 w7c和19:0 cyclo这6种磷脂脂肪酸质量摩尔浓度的变化导致了土壤微生物群落结构在磷脂脂肪酸水平上的变化,这种变化可能是由于竹林扩张过程中竹子能释放减少竹下其他植物幼苗丰度的化感物质(allelochemicals)导致的(Larpkern & Moe, 2011)。

对微生物类群水平上的研究表明,竹林扩张显著提高了土壤中丛枝菌根真菌所占的比例,这一结果与Qin等人的研究一致(Qin et al., 2017)。丛枝菌根真菌可以促进植物的营养吸收(Sikes et al., 2009),其菌丝在土壤内延伸可以向土壤微生物群落传递并分泌营养物质,形成的菌丝体网还会影响土壤含水量等(Rillig & Mummey, 2006)。另有研究表明,外来植物可以与入侵地的丛枝菌根真菌共生以便获得更多的营养,并以此增强外来物种的入侵能力(Reinhart, 2006; Reynolds et al., 2003)。而潘璐等人的研究表明,毛竹的丛枝菌根侵染强度和频率远低于其他的针、阔叶树种。因此,竹林扩张导致的丛枝菌根真菌的数量显著增加主要是由于竹林扩张后对土壤理化性质,如pH、总磷的影响导致的(Li et al., 2015),而丛枝菌根真菌是受竹林扩张影响的主要微生物类群。

另外,环丙基脂肪酸与其前体脂肪酸之比,17:0 cyclo/18:1w7c和19:0 cyclo/18:1w7c的比值通常用于指示微生物群落受土壤养分和生理胁迫的状况(Guckert et al., 1985; Moore - Kucera & Dick, 2008)。在本研究中,亚热带次生常绿阔叶林17:0 cyclo/18:1w7c和19:0 cyclo/18:1w7c的比值最高,纯竹林17:0

cyclo/18∶1w7c 和 19∶0 cyclo/18∶1w7c 的比值显著低于亚热带次生常绿阔叶林，这表明竹林扩张为土壤微生物群落创造了更加“舒适”的环境，这可能有助于竹林的进一步扩张。土壤的 pH 是影响土壤微生物群落结构最主要的因素，有研究发现 pH 的增加会导致革兰氏阳性菌/革兰氏阴性菌的比值降低（Frostegård et al.，1993），本研究中被竹林扩张的亚热带次生常绿阔叶林和亚热带次生常绿阔叶林的变化也显示出这一规律。另外，研究发现 19∶0 cyclo/18∶1w7c 与土壤 pH 呈负相关（Chang et al.，2011），因此竹林扩张后 19∶0 cyclo/18∶1w7c 值的降低可能主要与竹林扩张导致的土壤 pH 的显著增加有关。

因此，本研究结果表明竹林扩张通过增加丛枝菌根含量来提高对土壤养分的竞争力。而土壤理化性质与表征土壤微生物群落结构的诸多指标表现出较好的相关性，表明土壤理化性质的改变是竹林扩张后造成土壤微生物群落结构组成变化的主要原因。

4.3.2 竹林扩张改变土壤微生物结构

探究竹林扩张前后植物根际土壤微生物群落结构和功能的变化有助于进一步认清竹林扩张的地下机制。本研究表明，竹林扩张后会显著影响青冈根际细菌的物种总数量和群落多样性，进而显著影响青冈根际细菌的群落结构组成，而细菌群落结构组成的改变又进一步导致了细菌群落功能的变化。有研究表明，土壤细菌群落的功能变化可以在门水平上进行描述，例如变形菌门和拟杆菌门含量的增加可以使土壤有机质加速分解（Bernard et al.，2007）。而本研究中，竹林的扩张导致青冈根际变形菌门和拟杆菌门的百分含量均有所减少，这可能会造成土壤碳循环速度的降低，进一步影响青冈的生长，这也是地带性群落优势树种在受到外来竞争者胁迫后对根际水平微生物调整的应对策略。另外，通过对竹林扩张前后青冈根际细菌群落功能的预测注释及对显著差异菌的比对发现，竹林扩张后使青冈根际与氮循环相关的亚硝化球菌（Nitrososphaera）、单胞菌（Singulisphaera）等细菌的相对含量显著降低，这一研究结果与沈秋兰的结论类似（沈秋兰，2015）。竹林扩张使本地植物青冈的根际土壤细菌群落结构发生改变，从而导致细菌与碳、氮循环相关的群落功能发生改变，最终抑制其他植物的正常生长，或有利于竹林进一步扩张。

4.3.3 竹林扩张改变植物根系真菌结构

对植物根际真菌的研究表明，竹林扩张对青冈根际真菌的物种总数和群落多样性均没有显著的影响，但是却引起了根际真菌的群落结构的改变。而根际真菌群落结构的变化进一步导致了根际真菌的营养方式由共生营养型到病原营养型的变化。有研究表明，植物和微生物的共生体可以帮助植物获取营养，还可以通过调节植物体内的激素水平来促进植物的生长，并提高植物的抗逆性(Xu et al.，2011)。而本研究发现随着竹林的扩张，青冈根际的共生营养型真菌显著减少，这种变化可能会降低青冈根际对土壤中营养元素吸收的竞争力，有利于竹林的扩张。以往对外来入侵植物的研究表明，外来植物可以改变土壤共生真菌，从而抑制本地种并促进入侵植物生长(Callaway et al.，2008；Stinson，2006)。毛竹虽属本地种，但本研究也发现类似现象，造成这种现象的可能原因有两种，一种为当毛竹扩张到邻近的森林中后，增大森林郁闭度(Lima et al.，2012；Griscom & Ashton，2006)，导致被扩张林中的植物光合能力受到影响，而植物则会因此减少对根际真菌的光合产物供给，这可能打破了植物与根际真菌中菌根真菌间原本的共生格局(Johnson et al.，1997)，而从共生营养型转变为寄生/病原营养型，这一猜测也与潘璐等人在竹－木过渡带观察到的现象相符(潘璐等，2015)；另一种可能是由于竹子在扩张的过程中能分泌化感物质，使其破坏了本地植物青冈与根际真菌的共生关系，但这种机制是否普遍存在尚需进一步研究验证。

4.4　本章小结

本章研究通过对竹林扩张后各种林地的理化性质、微生物多样性、群落结构与功能的研究，得出以下主要结论：

(1)竹林扩张显著提高了土壤的pH，同时显著降低了土壤的总有机碳含量和碳氮比值。亚热带次生常绿阔叶林被竹林扩张后土壤pH增加了11.6%；总有机碳含量降低了18.70%；碳氮比值降低了1.05。与亚热带次生常绿阔叶林相比，被竹林扩张的亚热带次生常绿阔叶林总氮值虽然降低了11.26%，但并不显著；土壤总磷含量没有明显的变化。微生物量碳与微生物量氮含量虽略有增加但是不显著。

(2)竹林扩张后土壤磷脂脂肪酸的种类组成没有明显的改变，而主要是15∶0 iso、16∶0、16∶0 10－methyl、18∶0 10－methyl和18∶1 w7c五种磷脂脂肪酸含量的变化导致了土壤微生物群落结构的变化。从微生物类群水平上看，竹林扩张使被入侵的森林中土壤的丛枝菌根真菌含量显著增加，表明竹林扩张是通过增加丛枝菌根含量来提高对土壤养分的竞争力。用于指示微生物群落受土壤养分和生理胁迫情况的指标17∶0 cyclo/18∶1w7c和19∶0 cyclo/18∶1w7c的比值随着竹林的扩张而下降，革兰氏阳性菌含量/革兰氏阴性菌含量的值略有降低。

(3)竹林扩张后青冈根际细菌的物种总数显著上升，而对细菌群落多样性没有显著影响，对毛竹根际细菌的物种总数和物种多样性均没有影响。竹林扩张对青冈根际土壤细菌群落结构有影响，竹林扩张后，青冈根际细菌的群落结构发生显著变化，细菌群落结构逐渐与毛竹根际相似，变形菌门、放线菌门和蓝菌门的含量显著降低，酸杆菌门的含量显著升高，毛竹自身根际土壤细菌主要门的含量却没有显著的变化。通过对竹林扩张前后青冈根际细菌群落功能的预测注释及对显著差异菌的比对发现，竹林扩张使青冈根际与氮循环相关的 Nitrososphaera、Singulisphaera 等细菌的相对含量显著降低。

(4)竹林扩张对青冈根际真菌的物种总数、群落多样性均没有显著影响；但在毛竹扩张过程中，毛竹根际真菌的物种多样性均却显著降低。竹林扩张对青冈根际真菌群落结构有影响，竹林扩张后，青冈根际真菌的群落结构发生显著变化，真菌群落结构逐渐与毛竹根际相似。竹林扩张显著地改变了植物根际真菌门的含量。竹林扩张后，青冈根际子囊菌门的含量显著降低，接合菌门的含量显著升高，而担子菌门没有显著变化；毛竹自身根际土壤真菌担子菌门的含量显著降低。竹林扩张导致青冈根际共生营养型真菌的相对含量显著减少，病原营养型真菌的相对含量显著增加，腐生营养型真菌的相对含量无显著变化，而竹林扩张前后毛竹根际真菌的各营养方式没有显著变化。

第 5 章　研究结论及建议

5.1　研究结论

本专著研究的第一部分是对三种离子型稀土尾矿土壤(未修复的尾矿土壤、单纯湿地松修复方式修复的土壤和湿地松 + 改良土壤的修复方式修复的土壤)进行理化性质、微生物群落结构与功能、代谢物组学等研究，通过数据分析后得到了以下主要结论：

(1)单纯湿地松修复方式对离子型稀土尾矿土壤性质有一定的改善，土壤硫酸根和蛋白酶的含量显著增加，但其改善程度远远弱于湿地松 + 改良土壤的修复方式。采用湿地松 + 改良土壤的修复方式进行修复后，土壤的硫酸根、总氮、有机质、有机碳、总磷、有效磷、镁、脲酶、磷酸酶、蔗糖酶、蛋白酶、过氧化氢酶、多酚氧化酶含量均显著增加；而铽、镝、钬、铒、铥、镱、镥、钇等稀土元素与金属元素铝、钾含量均显著降低。这说明对于离子型稀土尾砂矿土壤性质的改善，添加客土的作用效果远远强于湿地松自身的修复效果。

(2)单纯湿地松修复方式和湿地松 + 改良土壤的修复方式对离子型稀土尾矿的微生物群落结构和功能产生影响。①从土壤微生物多样性上分析，单纯湿地松修复方式和湿地松 + 改良土壤的修复方式对离子型稀土尾砂矿土壤细菌真菌的 α - 多样性、β - 多样性均存在影响。②从土壤微生物群落组成上分析，变形菌门、放线菌门、酸杆菌门、拟杆菌门和厚壁菌门在三种土壤中均是优势细菌群，单纯湿地松修复方式和湿地松 + 改良土壤的修复方式均改变了离子型稀土尾砂矿土壤门水平和纲水平的细菌和真菌。③从土壤微生物生态网络上分析，单纯湿地松修复方式和湿地松 + 改良土壤的修复方式均改变了离子型稀土尾砂矿土壤细菌和真菌的生态网络，土壤细菌和真菌生态网络的平均聚类系数、平均度、平均路径长度、模块性均发生了改变，各土壤的核心指示物种也各不相同。④从对土壤微生物功能预测上分析，湿地松自身修复对于离子型稀土尾砂矿土壤细菌的改变强于添加客土的作用效果；单纯湿地松修复方式与湿地松 + 改良土壤的修复方式使离子型稀土尾砂矿土壤真菌营养方式发生了不同的改变。

(3)将土壤微量元素与土壤理化性质及酶活进行相关性分析发现：①在未修复尾砂土壤中，稀土元素钇与蛋白酶显著相关；②在单纯湿地松修复方式修复的土壤中，稀土元素镱与总氮显著相关，金属元素钾与磷酸酶显著相关；③在湿地松＋改良土壤的修复方式修复的土壤中，镁与有机质显著相关，稀土元素镱与磷酸酶显著相关，钾与多酚氧化酶显著相关。进一步将土壤微生物与上述参数进行相关性分析发现：①与稀土元素显著相关的是一些具有降解代谢特性的细菌与真菌，这说明稀土元素对土壤理化性质及酶活的影响是由于稀土元素的累积，使得一些具有降解代谢能力的菌群成为优势菌群，从而促进了一些酶的产生与物质的分泌；②与金属元素镁和钾显著相关的是一些影响植物生长的细菌与真菌，这说明金属元素镁和钾对土壤理化性质及酶活的影响是由于镁和钾影响植物的生长，进而影响与植物生长相关的微生物，促使其产生或降解酶或有机质导致的。

(4)从土壤代谢组上分析，单纯湿地松修复方式和湿地松＋改良土壤的修复方式均显著改变了离子型稀土尾砂矿土壤中代谢物的含量。值得注意的是，单纯湿地松修复方式可以改变123种代谢物的含量，而湿地松＋改良土壤的修复方式只能改变这123种代谢物中的13种，这说明对于土壤代谢物，湿地松自身修复对于离子型稀土尾砂矿土壤的改变强于添加客土的作用效果。

本专著研究的第二部分是对竹林扩张后不同林地土壤微生态进行研究，得出以下主要结论：

(1)竹林扩张一定程度上改变了林地土壤的理化性质。竹林扩张后土壤的pH显著提高了，土壤的总有机碳和碳氮比值降低了；土壤总氮、总磷、微生物量碳与微生物量氮含量变化不显著。

(2)竹林扩张没有明显改变土壤磷脂脂肪酸的种类组成，但是引起了其含量的显著改变。五种磷脂脂肪酸(15:0 iso、16:0、16:0 10-methyl、18:0 10-methyl和18:1 w7c)质量摩尔浓度的变化导致了土壤微生物群落结构的变化。从微生物类群水平上看，竹林扩张使被入侵的森林中土壤的丛枝菌根真菌含量显著增加，表明竹林扩张通过增加丛枝菌根含量提高对土壤养分的竞争力。用于指示微生物群落受土壤养分和生理胁迫情况的指标17:0 cyclo/18:1 w7c和19:0 cyclo/18:1 w7c的值随着竹林的扩张而下降，革兰氏阳性菌含量/革兰氏阴性菌含量的值略有降低。土壤理化性质与表征土壤微生物群落结构的诸多指标表现出较好的相关性，表明理化性质影响土壤微生物群落结构的组成。

(3)竹林扩张导致青冈根际细菌的物种总数显著上升，而对群落多样性没有显著影响，对毛竹根际细菌的物种总数和物种多样性均没有影响。竹林扩张对青冈根际土壤细菌群落结构有影响，竹林扩张后青冈根际细菌的群落结构发生显著变化，细菌群落结构逐渐与毛竹根际相似，变形菌门、放线菌门和蓝菌门的含量显著降低，酸杆菌门的含量显著升高，毛竹自身根际土壤细菌主要门的含量却没有显著的变化。这表明地带性群落优势树种在受到外来竞争者胁迫后会对根际微生物做出适应性的应对策略。通过对竹林扩张前后青冈根际细菌群落功能的预测注释及对显著差异菌的比对发现，竹林扩张使青冈根际与氮循环相关的亚硝化螺菌属、Singulisphaera等细菌的相对含量显著降低，这可能是造成竹林扩张后地带性树种生长减缓的原因之一。

(4)竹林扩张对青冈根际真菌的物种总数、群落多样性均没有显著影响；但在毛竹扩张过程中，毛竹根际真菌的物种多样性均显著降低。竹林扩张对青冈根际真菌群落结构有影响，竹林扩张后，青冈根际真菌的群落结构发生显著变化，真菌群落结构逐渐与毛竹根际相似。竹林扩张显著地改变了植物根际真菌门的含量。竹林扩张后，青冈根际子囊菌门的含量显著降低，接合菌门的含量显著升高，而担子菌门没有显著变化；毛竹自身根际土壤真菌担子菌门的含量显著降低。竹林扩张导致青冈根际共生营养型真菌的相对含量显著减少，病原营养型真菌的相对含量显著增加，腐生营养型真菌的相对含量无显著变化，而竹林扩张前后毛竹根际真菌的各营养方式没有显著变化，这意味着受毛竹扩张后，地带性优势树种抵御干旱或病虫害等外界胁迫的能力或有所降低，不利于地带性森林健康发展。

综上所述，基于高通量测序可以高灵敏度和高分辨率地表征土壤微生物，无论离子型稀土植物修复还是竹林扩张都对土壤微生物群落产生了显著影响。土壤微生物群落与结构发生的改变表明土壤微生物群落受植物和土壤理化性质的共同影响，这些发现将有助于我们进一步了解微生物对人类行为所做出的反应，并为稀土尾矿生态修复评估以及竹林扩张风险评估提供重要启示。

具体来讲，对于离子型稀土尾矿土壤的修复，湿地松自身对土壤的修复与添加改良土壤所起的作用明显不同。湿地松自身对土壤的修复在改变土壤的微生物群落和结构、代谢物的种类与含量中占据主导，而改良土壤的添加仅仅对土壤性质起到了重要作用，对土壤微生物和代谢物的影响不大。而对于竹林扩张土壤微生态的研究发现，竹林扩张造成土壤微生物群落结构及相关功能的显著变化，一方面竹子通过增加丛枝菌根数量来提升自身对土壤养分获取的竞争力；另一方面通过降低地带性优势树种根际与养分吸收相关的细菌，以及抵御病害、干旱等相关的共生真菌等的相对含量减弱竞争者对养分的获取能力甚至存活力，或可从地下层面解释以往有关竹林扩张对森林生态系统更新或生长影响的报道。

5.2 研究建议

近年来，离子型稀土尾矿的环境生态修复治理研究引起了广泛关注，植物修复研究成为该研究领域的一个重要课题。在修复过程中，超积累植物对稀土元素进行吸收、积累和转化，但植物修复是一个长期且复杂的工程，主要是根际土壤微生物群落发挥作用。本研究利用高通量测序技术、代谢组学技术得出了一些有价值的结论，但仍然存在一些不足，后续将围绕以下方面展开进一步的研究。

(1)对离子型稀土尾矿植物修复的根际土壤微生物群落和代谢物进行了研究，但仅仅研究了湿地松修复方式在一定时间内的修复，因此后续的研究需要从多个修复时间长度入手，研究不同修复时间内微生物群落和代谢物的变化，同时也可以研究地域等其他因素对植物修复的影响。

(2)虽然对不同微生物生态网络的核心指示物种进行了提取，但未对其在各土壤中发挥的作用进行深入研究，因此后续研究可将这些核心指示物种从土壤中分离出来，探究其相关特性与功能。

(3)对土壤代谢物进行了研究，但目前仅仅知道了差异代谢物，导致该差异的原因与代谢途径尚不清楚，因此需要进一步的研究。

(4)仅针对湿地松这一在研究场地稀土尾砂修复中应用较多的植物进行了研究，修复植物物种选择单一，因此后续可针对其他不同修复植物，特别是其他当地优势植物进行研究，筛选适合修复稀土尾砂矿的植物与微生物，进一步加快植物－微生物联合修复在离子型稀土矿山的理论研究与实践应用。

关于竹林扩张微生态研究，目前在竹林扩张对土壤微生物群落结构影响的相关研究得出的结论不尽相同，造成这种结果的原因可能是邻近的森林类型、竹林扩张的强度以及地域环境的差别导致的。因此，建议在今后开展以下相关研究：

(1)进行大尺度实验：从不同纬度、同一地点不同竹林的扩张强度实验等来综合阐述竹林扩张对土壤微生物群落结构的影响。

(2)虽然研究中发现竹林扩张会使被扩张森林中青冈根际真菌的营养方式由共生营养型转变为病原营养型，从而降低青冈对营养吸收的能力，但造成这种现象的原因及其是否具有普遍性仍需要进一步的验证，在今后的研究中应该重点关注竹子的根际分泌物的化感作用对被扩张森林中植物根际微生物的影响。

(3)研究竹林扩张对植物根际微生物功能的影响是基于对高通量测序数据与FAPROTAX和FunGuild数据库的比对、预测实现的，而两数据库中的数据是通过对目前文献资料中已出现的细菌、真菌功能总结而来的，对实际结果的覆盖可能不够全面，但是随着基因芯片、宏基因组、宏转录组、代谢物组等技术的深入发展，利用这些技术可以更深入地研究竹林扩张对微生物功能的影响。

综上所述，利用多组学技术开展土壤微生态研究已越来越受到科研人员的关注，本研究选取的高通测序技术和代谢物组技术只是在稀土尾矿修复土壤微生态研究领域进行的新尝试，后续研究将利用包括宏基因组学和宏蛋白质组学在内的其他组学技术联合分析稀土尾矿修复土壤、竹林扩张以及其他典型土壤的微生态，以期搞清土壤、植物根际与微生物群落之间相互作用的网络关系，更好地为指导环境生态修复、土壤管理等提供理论支持和科学依据。另外，由于毛竹自身具有生长快、经济价值高等优点，加之毛竹也是离子型稀土矿区的优势植物，因此在人工管理时要避免毛竹扩张可能造成的危害，可以尝试将毛竹用于离子型稀土尾矿土壤的植物修复过程。

参考文献

安登第，陈玉梅，李进，等，2010. 银沙槐内生放线菌抗菌活性及其与内生细菌拮抗关系[J]. 应用生态学报，21(4)：1021－1025.

白尚斌，周国模，王懿祥，等，2013. 森林群落植物多样性对毛竹入侵的响应及动态变化[J]. 生物多样性，21：288－295.

卞方圆，钟哲科，张小平，等，2018. 毛竹和伴矿景天对重金属污染土壤的修复作用和对微生物群落的影响[J]. 林业科学，54(8)：106－116.

孙素丽，2008. 山东沿海岸海洋木生粪壳菌纲真菌多样性研究[D]. 山东：青岛农业大学.

曾晨园，2016. 江西省龙南县稀土尾矿区耐性植物的调查及筛选[J]. 河北农机，7：64－65.

陈熙，蔡奇英，余祥单，等，2015. 赣南离子型稀土矿山土壤环境因子垂直分布——以龙南矿区为例[J]. 稀土，36(1)：23－28.

陈熙，刘以珍，李金前，等，2016. 稀土尾矿土壤细菌群落结构对植被修复的响应[J]. 生态学报，36(13)：3943－3950.

陈燕玫，柏珺，杨煜曦，等，2013. 植物根际促生菌辅助红麻修复铅污染土壤[J]. 农业环境科学学报，32(11)：2159－2167.

陈志国，王秀梅，张荣，等，2019. 不同客土比例对原土壤理化性质影响的研究[J]. 环境影响评价，41(1)：79－83.

程成，李双应，王松，等，2014. 皖南南华系上溪群羊栈岭组中段细碎屑岩的地球化学特征及其地质意义[J]. 地质科学，49(2)：651－667.

程涵宇，栾慧君，刘汉湖，2020，基于文献计量分析土壤重金属污染修复研究现状[J]. 环境保护与循环经济，40(09)：12－18.

戴莲，李会娜，蒋智林，等，2012. 外来植物紫茎泽兰入侵对根际土壤有益功能细菌群、酶活性和肥力的影响[J]. 生态环境学报，237－242.

丁爱芳，2008. 生物技术在污染土壤修复中的应用[J]. 安徽农学通报，014(023)：79－80.

丁菲，郭圣茂，吴南生，等，2018. 稀土尾矿构树根系形态及代谢研究[J]. 江西农业大学学报，40(06)：75－83.

丁礼萍，2019. 基于竹林扩张特征的竹林景观规划研究[D]. 成都理工大学.

窦营，余学军，岩松文代，2011. 中国竹子资源的开发利用现状与发展对策[J]. 中国农业资源与区划. 32：65－70.

方晰，田大伦，武丽花，等，2009. 植被修复对锰矿渣废弃地土壤微生物数量与酶活性的影响[J]. 水土保持学报，4：221－226.

付文昊，王岩，于清芹，等，2012. 不同土壤改良模式对铁尾矿复垦效果的影响[J]. 北方园艺，8：158－163.

管晓辉，2014. 座囊菌纲和粪壳菌纲部分种类的初步鉴定[D]. 山东：青岛农业大学.
郭海燕，程国虎，李拥军，等，2016. 高通量测序技术及其在生物学中的应用[J]. 当代畜牧，4：61－65.
国土资源部：首批稀土国家规划矿区名单. 中国金属通报，2011(4)：12－12.
国家林业和草原局，2019，中国森林资源报告(2014－2018)，北京：中国林业出版社.
国家林业局，全国竹产业发展规划(2013－2020)[EB/OL]. [2018－12－03]. http：//www.cbiachina.com/index.php/Service/view/id/45.html
中央政府网. 中国的稀土状况与政策[EB/OL]. [2012－06－20] http：//www.gov.cn/zhengce/2012－06/20/content_2618561.htm
国务院. 国务院关于印发土壤污染防治行动计划的通知(国发〔2016〕31号)[EB/OL]. [2016－05－31]. http：//www.gov.cn/zhengce/content/2016－05/31/content_5078377.htm
郝蓉，康杰，伍玉鹏，等，2016. 消落带土壤黑碳降解过程中真菌群落结构及酶活特征[J]. 生态环境学报，25(7)：1140－1145.
何璋超，2017. 寄主与根肿菌互作的代谢组学研究[D]. 湖北：华中农业大学.
环境保护部. 中央第四环境保护督察组向江西省反馈督察情况[EB/OL]. [2016－11－17]. http：//www.mee.gov.cn/gkml/sthjbgw/qt/201611/t20161117_367788.htm
季佳璨，2015. 三种树种对赣南稀土尾矿土壤养分及微生物和酶活性的影响[D]. 南昌：江西农业大学.
简丽华，2012. 长汀稀土废矿区治理与植被生态修复技术[J]. 现代农业科技，3：315－317.
蒋靖怡，王铁霖，池秀莲，等，2019. 基于高通量测序的紫花丹参与白花丹参根际细菌群落结构研究[J]. 中国中药杂志，44(8)：1545－1551.
焦慧，2016. 两种铜矿废弃地土壤微生物的研究[D]. 安徽：安徽农业大学.
靳振江，曾鸿鹄，李强，等，2016. 起源喀斯特溶洞湿地稻田与旱地土壤的微生物数量、生物量及土壤酶活性比较[J]. 环境科学，37(1)：335－341.
兰燕，高峰，王开腾，等，2019. 农药喷施对茶园土壤理化性质的影响[J]. 江西农业学报，31(12)：43－48.
李智勇，Long T T，李楠，等，2020. 亚洲主要国家竹种资源与利用[J]. 世界竹藤通讯，98(04)：7－13.
廖海清，2018. 建立赣南离子型稀土矿开采全过程监管及治理体系[EB/OL]. [2018－10－16]，https：//m.jxnews.com.cn/jx/system/2018/10/16/017168702.shtml.
李会娜，刘万学，万方浩，2011. 紫茎泽兰和黄顶菊入侵对土壤微生物群落结构和旱稻生长的影响[J]. 中国生态农业学报，19：1365－1371.
李丽娟，2007. 一株产植酸酶菌株的选育[D]. 湖北：华中农业大学.
李明霞，郭瑞，焦阳，等，2017. 代谢组学及其在植物盐胁迫研究中的应用[J]. 分子植物育种，15(5)：1862－1867.
李强，胡清菁，张超兰，等，2014. 基于土壤酶总体活性评价铅锌尾矿砂坍塌区土壤重金属污染[J]. 生态环境学报，23(11)：1839－1844.
李昕升，2014. 江苏稻田养鱼的发展历史及生物多样性分析[J]. 华中农业大学学报(社会科学版), 33(1): 139 - 144.
李媛媛, 2016. 基于全基因组序列系统分类 Kosakonia 属的细菌[D]. 浙江: 浙江大学.
李兆龙, 梁红, 刘文, 等, 2013. 稀土矿区生态修复过程中的土壤改良及细菌群落变化[J]. 仲恺农业工程学院学报, 26(1): 9 - 13.
廖映辉, 2016.. 五种杜鹃花属植物根系真菌多样性与群落结构[D]. 海南: 海南大学
林先贵, 胡君利, 2008. 土壤微生物多样性的科学内涵及其生态服务功能[J]. 土壤学报, 45(5): 892 - 900.
刘彩霞, 董玉红, 焦如珍, 2016. 森林土壤中酸杆菌门多样性研究进展[J]. 世界林业研究, 29(6): 17 - 22.
刘家女, 房晓婷, 王文静, 2015. 植物修复及强化调控系统根际土壤微生物研究综述[J]. 安全与环境学报, 15(1): 222 - 227.
刘建业, 秦泰毓, 黄金平, 等, 1991. 寻乌县稀土尾砂堆积场地恢复植被试验初报[J]. 水土保持通报, 2: 43 - 50.
刘骏, 杨清培, 宋庆妮, 等, 2013. 毛竹种群向常绿阔叶林扩张的细根策略[J]. 植物生态学报, 37: 230 - 238.
刘胜洪, 张雅君, 杨妙贤, 等, 2014. 稀土尾矿区土壤重金属污染与优势植物累积特征[J]. 生态环境学报, 23(6): 1042 - 1045.
刘斯文, 黄园英, 韩子金, 等, 2015. 离子型稀土矿山土壤生态修复研究与实践[J]. 环境工程, 33(011): 160 - 165.
刘文深, 刘畅, 王至威, 等, 2015. 离子型稀土矿尾砂地植被恢复障碍因子研究[J]. 土壤学报, 52(4): 879 - 887.
刘泽平, 王志刚, 徐伟慧, 等, 2018. 水稻根际促生菌的筛选鉴定及促生能力分析[J]. 农业资源与环境学报, 35(2): 119 - 125.
鲁向晖, 唐安华, 白桦, 等, 2016. 桉树修复对江西稀土尾砂区土壤养分的影响[J]. 南方农业学报, 47(7): 1100 - 1104.
吕鹏, 2016. 微生物降解纺织染料研究进展 [J]. 价值工程, 18: 217 - 221.
毛小慧, 2005. 上海奉贤土壤环境中重金属及其形态与土壤理化特性相关性研究[D]. 上海: 上海交通大学.
聂三安, 王祎, 雷秀美, 等, 2018. 黄泥田土壤真菌群落结构和功能类群组成对施肥的响应[J]. 应用生态学报, 29(8): 2721 - 2729.
欧阳海金, 廖绍平, 吴珍云, 等, 2014. 龙南县地质灾害发育特征及形成机制分析[J]. 资源环境与工程, 28(1): 45 - 48.
石润, 吴晓芙, 李芸, 等, 2015. 应用于重金属污染土壤植物修复中的植物种类[J]. 中南林业科技大学学报, 4: 139.
师艳丽, 张萌, 姚娜, 等. 2020 江西定南县离子型稀土尾矿周边水体氮污染状况与分布特征[J]. 环境科学研究, 033(001): 94 - 103.
史学军, 潘剑君, 陈锦盈, 等, 2009. 不同类型凋落物对土壤有机碳矿化的影响[J]. 环境科学, 30(6): 1832 - 1837.

滕凤英，2020，中国主要竹藤产品的国际竞争优势与提升策略[J]. 林产工业，57(01)：70 - 71 + 74.

生态环境部. 江西赣州稀土矿山修复工作不严不实编制综合治理规划弄虚作假[EB/OL]. [2018 - 10 - 16]. https：//mp. weixin. qq. com/s/VmIKn11DOyS16p9gyqmC3A.

孙晖，2007. 外生菌根真菌对柴油的降解及机理研究[D]. 黑龙江：东北林业大学.

王国锋，2017. 黄土高原地区土壤石油污染状况及生物修复技术研究进展[J]. 安徽农业科学，573(32)：65 - 70.

王凯，张威，李师翁，2015. 植酸酶及其应用[J]. 中国生物工程杂志，35(9)：85 - 93.

王琦琦，冯丽，李杨，等，2019. 新疆木碱蓬(Suaeda dendroides)根际耐盐促生细菌的筛选及鉴定[J]. 微生物学通报，46(10)：2569 - 2578.

王少昆，赵学勇，张铜会，等，2012. 科尔沁沙地几种灌木对根际微生物的影响[J]. 干旱区资源与环境，26(5)：140 - 144.

王树东，李伟成，钟哲科，等. 特用竹种——酒竹的引种繁育初报[J]. 竹子研究汇刊，2008：27 - 31.

王学锋，尚菲，刘修和，等，2014. Cd、Ni 单一及复合污染对土壤酶活性的影响[J]. 环境工程学报，8(9)：4027 - 4034.

王亚男，程立娟，周启星，等，2016. 萱草修复石油烃污染土壤的根际机制和根系代谢组学分析[J]. 环境科学，37(5)：1978 - 1985.

文雅，冷艳，李师翁. 2020. 微生物重金属耐受性及其机制研究的进展[J]. 环境科学与技术，09：79 - 86.

王秀云，宋绪忠，庞春梅，等，2019. 毛竹邻近林分结构与立地对其自然扩张的影响[J]. 浙江林业科技，39(06)：19 - 24.

吴建富，高绘文，卢志红，等，2018. 赣南废弃稀土矿区尾砂修复技术研究进展[J]. 南方农业，12(34)：120 - 123.

吴彦彬，李亚丹，李小俊，等，2007. 拟杆菌的研究及应用[J]. 生物技术通报，1：66 - 69.

吴愉萍，2009. 基于磷脂脂肪酸(PLFA)分析技术的土壤微生物群落结构多样性的研究[D]. 浙江大学.

谢晨星，2016. 解磷细菌的筛选鉴定及对植物生长的影响[D]. 河北：河北工业大学.

徐春燕，2017. 离子型稀土土壤吸附铵态氮规律研究[D]. 江西：江西理工大学.

谢东，李丝雨，何森等，2019. 重金属污染土壤修复植物根际微生态的研究进展[J]. 江西理工大学学报，40(05)：64 - 71.

肖鸿光，2016. 两种外来植物共同入侵对土壤微生物群落结构的复合影响[D]. 江苏大学. 杨妙贤，董世超，丘海环，等，2014. 稀土矿场中土壤植物修复中的胁迫因子分析[J]. 广东农业科学，41(15)：139 - 143.

杨清培，杨光耀，宋庆妮，等，2015 竹子扩张生态学研究：过程、后效与机制[J]. 植物生态学报，39(01)：110 - 124.

杨帅. 2015 离子型稀土矿开采过程中氨氮吸附解吸行为研究[D]. 中国地质大学(北京).

姚常琦，2011. 桔梗种植基地土壤污染特征及微生物群落相关性研究[D]. 辽宁：东北大学.

弋嘉喜，李娟，2018. 矿区复垦土壤微生物多样性研究进展[J]. 农业科技与信息，11：42-45.
于辉霞，2012. 山东部分地区木生腐生真菌种类与分布的初步研究[D]. 山东：青岛农业大学.
原志敏，2018. 贵州毕节市农田土壤重金属污染钝化修复研究[D]. 北京：北京科技大学.
翟明恬，2015. 广西雅长自然保护区优势兰科植物根部内生真菌鉴定及多样性研究[D]. 北京：北京林业大学.
晏闻博，2017. 矿区多维度土壤重金属污染分布研究及其风险评价[D]. 浙江农林大学.
詹庆，曹雅丽，2017. 土壤中放线菌的分离与应用[J]. 现代园艺，3：24-25.
张慧茹，袁元，赵红月，等，2011. 产酚类活性物质的蒲公英内生真菌 PG23 的研究[A]. 中国粮油学会饲料分会 2011 饲料科技论坛暨学术年会论文集[C]. 125-141.
张琳，刘胜洪，周玲艳，等，2016. 稀土矿场修复区植物群落特征研究[J]. 广东农业科学，43(7)：73-80.
张乃明等，2016，重金属污染土壤修复理论与实践[M]. 北京：化学工业出版社.
张爽，冯冲凌，欧阳林男，等，2018. 不同植物修复锰矿渣模式中根际菌群的特性及多样性研究[J]. 中南林业科技大学学报，38(8)：89-96.
张亚平，2013. 中国北方三种杓兰内生真菌多样性及其对原球茎生长的效应[D]. 四川：四川农业大学.
张艳，2014. 废弃稀土矿区尾砂土壤改良及其植物修复试验研究[D]. 江西理工大学.
赵红，2011. 霉菌在甘蔗浆上生长特性及其对抄纸性能影响的研究[D]. 广西：广西大学.
赵芹，邓渊钰，李伟，等，2017. 小麦幼苗内生菌多样性的宏基因组分析[J]. 植物病理学报，47(3)：313-324.
郑建华，康冀川，雷帮星，等，2013. 银杏内生真菌多样性研究[J]. 菌物学报，32(4)：671-681.
郑黎明，袁静，2017. 重金属污染土壤植物修复技术及其强化措施[J]. 环境科技，30(1)：75-78.
中国地质调查局. 支撑服务赣州脱贫攻坚废弃稀土矿山地质调查阶段性成果顺利移交[EB/OL].[2020-09-28]. https://www.cgs.gov.cn/gzdt/zsdw/202009/t20200928_655745.htm
中国稀土网. 江西赣州稀土开采遗留废渣 1.9 亿吨治理需 70 年[EB/OL].[2012-04-23]. http://www.cbcie.com/122364/114152.html
中国自然资源报. 赣州完成废弃稀土矿山治理 91.6 平方公里[EB/OL].[2019-11-25]. http://www.iziran.net/difanglianbo/20191125_121362.shtml
钟文辉，蔡祖聪，2004. 土壤微生物多样性研究方法[J]. 应用生态学报，15(5)：899-904.
周晴烽，2017. 多彩的菌物世界[J]. 菌物研究，2：3-4.
朱菲莹，肖姬玲，张屹，等，2017. 土壤微生物群落结构研究方法综述[J]. 湖南农业科学，10：112-115+120.
朱国胜，桂阳，黄永会，等，2005. 中国种子植物内生真菌资源及菌植协同进化[J]. 菌物研究，2：10-17.
AGERER R, 2006. Fungal relationships and structural identity of their ectomycorrhizae [J]. Mycological Progress, 5(02), 67-107.

ALEX P, SURI A K, GUPTA C K, 1998. Processing of xenotime concentrate[J]. Hydrometallurgy, 50(3), 331 -338.

ANDO M, ITAYA A, YAMAMOTO SI, Shibata EI, 2006. Expansion of dwarf bamboo, Sasa nipponica, grassland under feeding pressure of sika deer, Cervus Nippon, on subalpine coniferous forest in central Japan[J]. Journal of Forest Research, 11, 51 -55.

ANDRES Y, THOUAND G, BOUALAM M, MERGEAY M, 2000. Factors influencing the biosorption of gadolinium by micro - organisms and its mobilisation from sand[J]. Appl. Microbiol. Biot, 54, 262 - 267.

ANSELMO F P, BADR O, 2004. Biomass resources for energy in North - Eastern Brazil[J]. Applied Energy, 77(1), 51 -67.

AQUINO, L D., MORGANA M, CARBONI M A, STAIANO M, ANTISARI M V, RE M, LORITO M, VINALE F, ABADI K M, WOO S L, 2009. Effect of some rare earth elements on the growth and lanthanide accumulation in different Trichoderma strains[J]. Soil Biol. Biochem, 41, 2406 -2413.

ARUGUETE D M, ALDSTADT J H, MUELLER G M, 1998. Accumulation of several heavy metals and lanthanides in mushrooms (Agaricales) from the Chicago region[J]. The Science of the Total Environment, 224, 43 -56.

ASHRAFUZZAMAN M, HOSSEN F A, ISMAIL M R, et al, 2009. Efficiency of plant growth - promoting rhizobacteria (PGPR) for the enhancement of rice growth [J]. African Journal of Biotechnology, 8(7), 1247 -1252.

BAI S, CONANT R T, ZHOU G, et al, 2016. Effects of moso bamboo encroachment into native, broad - leaved forests on soil carbon and nitrogen pools[J]. Scientific reports, 6, 31480.

BAI S, WANG Y, CONANT R T, et al, 2016. Can native clonal moso bamboo encroach on adjacent natural forest without human intervention? [J]. Scientific reports, 6, 31504.

BAIS, ZHOU G, WANG Y, et al, 2013. Plant species diversity and dynamics in forests invaded by Moso bamboo (Phyllostachys edulis) in Tianmu Mountain Nature Reserve[J]. Biodiversity Science, 21(3), 288 -295.

BARANIECKI C, AISLABIE J, FOGHTJ, 2002. Characterization of Sphingomonas sp. Ant 17, an aromatic hydrocarbon - degrading bacterium isolated from antarctic Soil[J]. Microbial Ecology, 43 (1), 44 -54.

BARDGETT R D, HOBBS P J, FROSTEGÅRD Å, 1996. Changes in soil fungal: bacterial biomass ratios following reductions in the intensity of management of an upland grassland[J]. Biology and Fertility of Soils, 22(3), 261 -264.

BATTEN K M, SCOW K M, DAVIES K F, et al, 2006. Two Iinvasive plants alter soil microbial community composition in serpentine grasslands[J]. Biological Invasions, 8(2), 217 -230.

BAYER M E, BAYER M H, 1991. Lanthanide accumulation in periplasmic space of Escherichia coli B[J]. Journal of Bacteriology, 173, 141 - 149.

WEN B, YUAN D A, SHAN X Q, et al, 2001. The influence of rare earth element fertilizer application on the distribution and bioaccumulation of rare earth elements in plants under field conditions[J]. Chemical Speciation & Bioavailability, 13(2), 39 -48.

BEIMFORDE C, FELDBERG K, NYLINDER S, et al, 2014. Estimating the Phanerozoic history of the Ascomycota lineages: Combining fossil and molecular data[J]. Molecular Phylogenetics and Evolution, 78, 386 -398.

BERNARD L, MOUGEL C, MARON P A, et al, 2007. Dynamics and identification of soil microbial populations actively assimilating carbon from 13C - labelled wheat residue as estimated by DNA - and RNA - SIP techniques[J]. Environmental Microbiology, 9(3), 752 -764.

BERND M, ZHANGD, 1991. Natural background concentrations of rare - earth elements in a forest ecosystem[J]. The Science of the Total Environment, 103, 27 -35.

BIBAK A, STU ? RUP S, KNUDSEN L, GUNDERSENV, 1999. Concentrations of 63 elements in cabbage and sprouts in Denmark[J]. Commun. Soil Sci. Plan, 30, 2409 -2418.

BLAYLOCK M J, HUANG J W, 2000. Phytoextraction of metals[M]. Phytoremediation of Toxic Metals: Using Plants to Clean up the Environment, 53 -70.

BOSSIO D A, SCOW K, 1998. Impacts of carbon and flooding on soil microbial communities: Phospholipid fatty acid profiles and substrate utilization patterns[J]. Microbial ecology, 35(3 -4), 265 -278.

BRANTLEY S L, LIERMANN L, BAU M, WU S, 2001. Uptake of trace elements and rare earth elements from hornblende by a soil bacterium[J]. Geomicrobiol. J. 18, 37 -61.

BYLESJö M, RANTALAINEN M, CLOARECO, et al, 2006. OPLS discriminant analysis: Combining the strengths of PLS - DA and SIMCA classification [J]. Journal of Chemometrics, 20 (8), 341 -351.

CACCIA F D, CHANETON E J, KITZBERGER T, 2009. Direct and indirect effects of understorey bamboo shape tree regeneration niches in a mixed temperate forest [J]. Oecologia, 161 (4), 771 -780.

CALLAWAY R M, CIPOLLINI D, BARTO K, et al, 2008. Novel weapons: invasive plant suppresses fungal mutualists in America but not in its native Europe[J]. Ecology, 89(4), 1043 -1055.

CALLAWAY R M, RIDENOUR W M, 2004. Novel weapons: invasive success and the evolution of increased competitive ability[J]. Frontiers in Ecology and the Environment, 2(8), 436 -443.

CAMPANELLO P I, GATTI M G, ARES A, et al, 2007. Tree regeneration and microclimate in a liana and bamboo - dominated semideciduous Atlantic Forest[J]. Forest Ecology and Management, 252(1 -3), 108 -117.

CAO X D, CHEN Y, GU Z M AND WANG XR, 2000a. Determination of trace rare earth elements in plant and soil samples by inductively coupled plasma - mass spectrometry[J]. Int. J. Environ. An. Ch, 76, 295 -309.

CAO X, WANG X, ZHAO G, 2000. Assessment of the bioavailability of rare earths in soils by chemical fractionation and multiple regression analysis[J]. Chemosphere, 40, 23 -28.

CATFORD J A, JANSSON R, NILSSON C, 2009. Reducing redundancy in invasion ecology by integrating hypotheses into a single theoretical framework [J]. Diversity and distributions, 15

(1), 22 - 40.

CHANG E H, CHIU C Y, 2015. Changes in soil microbial community structure and activity in a cedar plantation invaded by moso bamboo[J]. Applied Soil Ecology, 91, 1 - 7.

CHANG E H, CHEN C T, CHEN T H, et al, 2011. Soil microbial communities and activities in sand dunes of subtropical coastal forests[J]. Applied soil ecology, 49, 256 - 262.

CHAUDHRY M S, SAEED M, ANJUM S, et al, 2015. The ecology of arbuscular - mycorrhizal fungi (AMF) under different cropping regimes[J]. Pakistan Journal of Botany, 47(6), 2415 - 2420.

CHEN X, ZHANG X, ZHANG Y, et al, 2009. Changes of carbon stocks in bamboo stands in China during 100 years[J]. Forest Ecology and Management, 258(7), 1489 - 1496.

CHEN Y, LUO Y, QIU N, et al, 2015. Ce^{3+} induces flavonoids accumulation by regulation of pigments, ions, chlorophyll fluorescence and antioxidant enzymes in suspension cells of Ginkgo biloba L. [J]. Plant Cell Tiss Organ Cult, 123, 283 - 296.

CHIBUIKE G U, 2013. Use of mycorrhiza in soil remediation: a review[J]. Scientific Research and Essays, 8(35), 1679 - 1687.

CHICA P A, GUZMáN Ó A, CRUZG, 2013. Nematode fauna associety to bamboo (Guadua angustifolia Kunth) and secondary forest ecosystems in Santagueda, Palestina, Caldas [J]. Bol. cient. mus. hist. nat. univ. caldas, 17(1), 226 - 250.

LTD C P, 2008. The Effect of Neodymium (Nd) on some physiological activities in oilseed rape during calcium (Ca) starvation[J]. Cirql Pty Ltd.

CLINE L C, HOBBIE S E, MADRITCHM, et al, 2018. Resource availability underlies the plant - fungal diversity relationship in a grassland ecosystem[J]. Ecology, 99(1), 204 - 216.

COOK G D, DIAS L, 2006. It was no accident: Deliberate plant introductions by Australian government agencies during the 20th century[J]. Australian Journal of Botany, 54(7), 601 - 625.

COPETTA A, LINGUA G, BERTA G, 2006. Effects of three AM fungi on growth, distribution of glandular hairs, and essential oil production in Ocimum basilicum L. var. Genovese[J]. Mycorrhiza, 16(7), 485 - 494.

CRAWFORD D, LYNCH J, WHIPPSJ, et al, 1993. Isolation and characterization of actinomycete antagonists of a fungal root pathogen[J]. Applied and Environmental Microbiology, 59(11), 3899 - 3905.

D'AQUINO L, CARBONI M A, WOO S L, MORGANA M, NARDI L, LORITOM, 2004. Effect of rare earth application on the growth of Trichoderma spp. and several plant pathogenic fungi [J]. Journal of Zhejiang University, 30, 424.

DAI Z C, QI S S, MIAO S L, et al, 2015. Isolation of NBS - LRR RGAs from invasive Wedelia trilobata and the calculation of evolutionary rates to understand bioinvasion from a molecular evolution perspective[J]. Biochemical Systematics & Ecology, 61, 19 - 27.

DE CARVALHO A L, NELSON B W, BIANCHINIM C, et al, 2013. Bamboo - dominated forests of the southwest Amazon: Detection, spatial extent, life cycle length and flowering waves[J]. PloS one, 8(1), e54852.

DIATLOFF E, SMITH F W, ASHER CJ, 1995a. Rare - earth elements and plant growth. II. Responses of corn and mung bean to low concentrations of lanthanum in dilute, continuously flowing nutrient solutions[J]. J. Plant Nutr. 18, 1977 - 1989.

DING SM, LIANG T, ZHANG CS, et al, 2006. Accumulation and fractionation of rare earth elements in a soil - wheat system[J]. Pedosphere, 16(001), 82 - 90.

DONG W, LI S, CAMILLERI E, et al, 2019. Accumulation and release of rare earth ions by spores of Bacillus species and the location of these ions in spores[J]. Appl Environ Microbiol, 85, e00956 - 19.

DONG W M, WANG X K, BIAN X Y, WANG A X, DU J Z, TAO Z Y, 2001. Comparative study on sorption/desorption of radioeuropium on alumina, bentonite and red earth: Effects of pH, ionic strength, fulvic acid, and iron oxides in red earth[J]. Appl. Radiat. Isotopes, 54, 603 - 610.

DOU Y X, FUMIYO I, 2011. The current situation and countermeasures of bamboo resource development and utilization of China[J]. Chinese Journal of Agricultural Resources and Regional Planning, 5, 016.

DUDA J J, FREEMAN D C, EMLEN J M, et al, 2003. Differences in native soil ecology associated with invasion of the exotic annual chenopod, Halogeton glomeratus[J]. Biology & Fertility of Soils, 38 (2), 72 - 77.

DUTTA K, REDDY C S, 2016. Geospatial analysis of Reed Bamboo (Ochlandra travancorica) invasion in Western Ghats, India[J]. Journal of the Indian Society of Remote Sensing, 44 (5), 699 - 711.

EDGAR RC, 2010. Search and clustering orders of magnitude faster than BLAST[J]. Bioinformatics, 26(19), 2460 - 2461.

EDGAR R C, FLYVBJERGH, 2015. Error filtering, pair assembly and error correction for next - generation sequencing reads[J]. Bioinformatics, 31(21), 3476 - 3482.

EDGAR R, 2010. Search and clustering orders of magnitude faster than BLAST[J]. Bioinformatics, 26(19), 2460 - 2461.

EDGAR R, FLYVBJERGH, 2015. Error filtering, pair assembly and error correction for next - generation sequencing reads[J]. Bioinformatics, 31(21), 3476 - 3482.

EDWARDS J, JOHNSON C, SANTOS - MEDELLíN C, et al, 2015. Structure, variation, and assembly of the root - associated microbiomes of rice[J]. Proceedings of the National Academy of Sciences, 112(8), E911 - E920.

EMMANUEL E S C, ANANDKUMAR B, NATESAN M, et al, 2010. Efficacy of rare earth elements on the physiological and biochemical characteristics of Zea mays L. [J]. Australian Journal of Crop ence, 4(4), 289 - 294.

EUGENE D, SMITH F W, ASHER C J, 2008. Effects of lanthanum and cerium on the growth and mineral nutrition of corn and mungbean[J]. Annals of Botany, 101(7), 971 - 982.

FIERER N, 2017. Embracing the unknown: disentangling the complexities of the soil microbiome[J]. Nature Reviews Microbiology, 15, 579 - 590.

FLOUDAS D, BINDER M, RILEY R, et al, 2012. The paleozoic origin of enzymatic lignin decomposition reconstructed from 31 fungal genomes[J]. Science, 336(6089), 1715 - 1719.

FROSTEGåRD Å, TUNLID A, BååTH E, 1993. Phospholipid fatty acid composition, biomass, and activity of microbial communities from two soil types experimentally exposed to different heavy metals [J]. Applied and Environmental Microbiology, 59(11), 3605 - 3617.

GAGNON P R, PLATT WJ, 2008. Multiple disturbances accelerate clonal growth in a potentially monodominant bamboo[J]. Ecology, 89(3), 612 - 618.

GAGNON P R, PLATT W J, MOSER EB, 2007. Response of a native bamboo [Arundinaria gigantea (Walt.) Muhl.] in a wind - disturbed forest [J]. Forest Ecology and Management, 241 (1 - 3), 288 - 294.

GAO Y, MAO L, MIAO C, et al, 2010. Spatial characteristics of soil enzyme activities and microbial community structure under different land uses in Chongming Island, China: Geostatistical modelling and PCR - RAPD method[J]. Science of the Total Environment, 408(16), 3251 - 3260.

WEI Z, HAO Z, LI X, et al, 2019. The effects of phytoremediation on soil bacterial communities in an abandoned mine site of rare earth elements[J]. Science of the Total Environment, 670, 950 - 960.

GAO Y, ZENG F, YI A, et al, 2003. Research of the entry of rare earth elements Eu^{3+} and La^{3+} into plant cell[J]. Biological Trace Element Research, 91(3), 253 - 265.

GARBISU C, ALKORTAI, 2003. Basic concepts on heavy metal soil bioremediation [J]. The European Journal of Mineral Processing and Environmental Protection, 3(1), 58 - 66.

GERMUND T, 2004. Rare earth elements in soil and plant systems - A review[J]. Plant and Soil, 267, 191 - 206

GRATANI L, CRESCENTE M F, VARONE L, et al, 2008. Growth pattern and photosynthetic activity of different bamboo species growing in the Botanical Garden of Rome[J]. Flora - Morphology, Distribution, Functional Ecology of Plants, 203(1), 77 - 84.

GRAYSTON S, GRIFFITH G, MAWDSLEYJ, et al, 2001. Accounting for variability in soil microbial communities of temperate upland grassland ecosystems[J]. Soil Biology and Biochemistry, 33(4 - 5), 533 - 551.

GREENWOOD N N, EARNSHAWA, 1984. Chemistry of the elements[M]. Oxford, Pergamon Press.

GRISCOM B W, ASHTON P M S, 2006. A self - perpetuating bamboo disturbance cycle in a neotropical forest[J]. Journal of Tropical Ecology, 22(5), 587 - 597.

GRISCOM B W, ASHTON P M S, 2003. Bamboo control of forest succession: Guadua sarcocarpa in Southeastern Peru[J]. Forest Ecology and Management, 175(1 - 3), 445 - 454.

GROMBONE - GUARATINI M T, JENSEN R C, CARDOSO - LOPES E M, et al, 2009. Allelopathic potential of Aulonemia aristulata (Döll) MacClure, a native bamboo of Atlantic Rain Forest[J]. Allelopathy Journal, 24(1), 183 - 190.

GUCKERT J B, ANTWORTH C P, NICHOLS P D, et al, 1985. Phospholipid, ester - linked fatty acid profiles as reproducible assays for changes in prokaryotic community structure of estuarine sediments[J]. FEMS Microbiology Letters, 31(3), 147 - 158.

GUNINA A, SMITH A, GODBOLDD, et al, 2017. Response of soil microbial community to afforestation with pure and mixed species[J]. Plant & Soil, 412(1 - 2), 357 - 368.

GUO J, CHI J, 2014. Effect of Cd - tolerant plant growth - promoting rhizobium on plant growth and Cd uptake by Lolium multiflorum Lam. and Glycine max (L.) Merr. in Cd - contaminated soil[J]. Plant & Soil, 375(1 - 2), 205 - 214.

GUO W, ZHAO R, ZHAO W, et al, 2013. Effects of arbuscular mycorrhizal fungi on maize (Zea mays L.) and sorghum (Sorghum bicolor L. Moench) grown in rare earth elements of mine tailings [J]. Applied Soil Ecology, 72, 85 - 92.

GUO X, CHEN H Y, MENG M, et al, 2016. Effects of land use change on the composition of soil microbial communities in a managed subtropical forest [J]. Forest Ecology and Management, 373, 93 - 99.

HU X, DING Z H, CHEN Y J, WANG X R, DAI L M, 2002. Bioaccumulation of lanthanum and cerium and their effects on the growth of wheat (Triticum aestivum L.) seedlings[J]. Chemosphere, 48, 621 - 629.

HACKL E, ZECHMEISTER - BOLTENSTERN S, BODROSSYL, et al, 2004. Comparison of diversities and compositions of bacterial populations inhabiting natural forest soils[J]. Applied and Environmental Microbiology, 70(9), 5057 - 5065.

HAMILTON E W, FRANK D A, 2001. Can plants stimulate soil microbes and their own nutrient supply? Evidence from a grazing tolerant grass[J]. Ecology, 82(9), 2397 - 2402.

HANDELSMAN J, RONDON M R, BRADY S F, et al, 1998. Molecular biological access to the chemistry of unknown soil microbes: A new frontier for natural products[J]. Cell Chemical Biology, 5, R245 - R249.

HANNINGTON M, JAMIESON J, et al, 2011. The abundance of seafloor massive sulfide deposits [J]. Geology, 39(12), 1155 - 1158.

HARTMANN M, NIKLAUS P, ZIMMERMANNS, et al, 2014. Resistance and resilience of the forest soil microbiome to logging - associated compaction[J]. ISME Journal: Multidisciplinary Journal of Microbial Ecology, 8(1), 226 - 244.

HATTAB N, MOTELICA - HEINO M, BOURRAT X, et al, 2014. Mobility and phytoavailability of Cu, Cr, Zn, and as in a contaminated soil at a wood preservation site after 4 years of aided phytostabilization [J]. Environmental Science & Pollution Research, 21(17), 10307 - 10319.

HILL G, MITKOWSKI N, ALDRICH - WOLFEL, et al, 2000. Methods for assessing the composition and diversity of soil microbial communities[J]. Applied soil ecology, 15(1), 25 - 36.

HOU W, LIAN B, DONG H, et al, 2012. Distinguishing ectomycorrhizal and saprophytic fungi using carbon and nitrogen isotopic compositions[J]. Geoscience Frontiers, 3(3), 351 - 356.

ICHIHASHI H, MORITA H, TATSUKAWA R, 1992. Rare earth elements in naturally grown plants in relation to their variation in soils[J]. Environ Pollut, 76, 157 - 162.

IIDA S, 2004. Indirect negative influence of dwarf bamboo on survival of Quercus acorn by hoarding behavior of wood mice[J]. Forest Ecology and Management, 202(1 - 3), 257 - 263.

JIANG Y, LI S, LI R, et al, 2017. Plant cultivars imprint the rhizosphere bacterial community composition and association networks[J]. Soil Biology & Biochemistry, 109, 145 - 155.

JING C, XU Z, ZOU P, et al, 2018. Coastal halophytes alter properties and microbial community structure of the saline soils in the Yellow River Delta, China[J]. Applied Soil Ecology, 134, 1 - 7.

JOHNSON N C, GRAHAM J H, SMITHF, 1997. Functioning of mycorrhizal associations along the mutualism - parasitism continuum[J]. New phytologist, 135(4), 575 - 585.

KANEHISA M, GOTO S, SATO Y, et al, 2014. Data, information, knowledge and principle: Back to metabolism in KEGG[J]. Nucleic Acids Research, 42(D1), D199 - D205.

KHAN A M, YUSOFF I, BAKAR N K A, et al, 2017. Accumulation, uptake and bioavailability of rare earth elements (REEs) in soil grown plants from ex - mining area in Perak, Malaysia[J]. Applied Ecology and Environmental Research, 15(3), 117 - 133.

KIM J, CHOI S, LEE J, et al, 2013. Metabolic Differentiation of Diamondback Moth (Plutella xylostella (L.)) Resistance in Cabbage (Brassica oleracea L. ssp. Capitata) [J]. Journal of Agricultural and Food Chemistry, 61(46), 11222 - 11230.

KLEINHENZ V, MIDMORE DJ, 2001. Aspects of bamboo agronomy[J]. Advances in Agronomy, 74, 99 - 153.

KOURTEV P S, EHRENFELD J G, HäGGBLOMM, 2003. Experimental analysis of the effect of exotic and native plant species on the structure and function of soil microbial communities[J]. Soil Biology & Biochemistry, 35(7), 895 - 905.

KRAUSE A, FRANK K, MASON D, et al, 2003. Compartments revealed in food - web structure [J]. Nature, 426(6964), 282 - 285.

KUDO G, AMAGAI Y, HOSHINO B, et al, 2011. Invasion of dwarf bamboo into alpine snow - meadows in northern Japan: Pattern of expansion and impact on species diversity[J]. Ecology and evolution, 1(1), 85 - 96.

KURAMAE E E, GAMPER H A, YERGEAUE, et al, 2010. Microbial secondary succession in a chronosequence of chalk grasslands[J]. Isme Journal, 4(5), 711.

LARPKERN P, MOE S R, TOTLAND Ø, 2011. Bamboo dominance reduces tree regeneration in a disturbed tropical forest[J]. Oecologia, 165(1), 161 - 168.

LAYEGHIFARD M, HWANG D, GUTTMAN D, 2017. Disentangling interactions in the microbiome: A network perspective[J]. Trends in Microbiology, 25(3), 217 - 228.

LI F L, SHAN X Q, ZHANG T H, ZHANG S Z, 1998. Evaluation of plant availability of rare earth elements is soils by chemical fractionation and multiple regression analysis[J]. Environ. Pollut. 102, 269 - 277.

LI H, ZHANG X M, ZHENG R S, et al, 2015. Indirect effects of non - native Spartina alterniflora and its fungal pathogen (Fusarium palustre) on native saltmarsh plants in China[J]. Journal of Ecology, 102(5), 1112 - 1119.

LI R, WERGER M, DE KROON H, et al, 2000. Interactions between shoot age structure, nutrient availability and physiological integration in the giant bamboo Phyllostachys pubescens[J]. Plant Biology, 2(4), 437 - 446.

LI W H, ZHANG C B, GAO G J, et al, 2007. Relationship between Mikania micrantha invasion and soil microbial biomass, respiration and functional diversity[J]. Plant & Soil, 296(1-2), 197-207.

LI W, ZHAO R, XIE Z, et al, 2003. Effects of La^{3+} on the growth, transformation and gene expression of Escherichia coli[J]. Biological Trace Elements Research, 94, 167-177.

LI X, RUI J, MAO Y, et al, 2014. Dynamics of the bacterial community structure in the rhizosphere of a maize cultivar[J]. Soil Biology and Biochemistry, 68, 392-401.

LI X, ZHANG J, GAI J, et al, 2015. Contribution of arbuscular mycorrhizal fungi of sedges to soil aggregation along an altitudinal alpine grassland gradient on the Tibetan Plateau[J]. Environmental Microbiology, 17(8), 2841-2857.

LI Y, LI Y, CHANG S X, et al, 2017. Bamboo invasion of broadleaf forests altered soil fungal community closely linked to changes in soil organic C chemical composition and mineral N production [J]. Plant and Soil, 418(1-2), 507-521.

LI Y, WU H, SHEN Y, et al, 2019. Statistical determination of crucial taxa indicative of pollution gradients in sediments of Lake Taihu, China[J]. Environmental Pollution, 246, 753-762.

LI Y, WU Z, DONG X, et al, 2019. Variance in bacterial communities, potential bacterial carbon sequestration and nitrogen fixation between light and dark conditions under elevated CO_2 in mine tailings[J]. Science of the Total Environment, 652, 234-242.

LI Y C, LIU B R, LI S H, et al, 2014. Shift in abundance and structure of soil ammonia-oxidizing bacteria and archaea communities associated with four typical forest vegetations in subtropical region [J]. Journal of soils and sediments, 14(9), 1577-1586.

LIANG T, ZHANG S, WANG L, et al, 2005. Environmental biogeochemical behaviors of rare earth elements in soil-plant systems[J]. Environmental Geochemistry and Health, 27(4), 301-311.

LIANG T, ZHANG S, WANG L, KUNG H, WANG Y, HU A, DING S, 2005. Environmental biogeochemical behaviors of rare earth elements in soil - plant systems [J]. Environmental Geochemistry and Health, 27, 301-311.

LIMA R A, ROTHER D C, MULER A E, et al, 2012. Bamboo overabundance alters forest structure and dynamics in the Atlantic Forest hotspot[J]. Biological Conservation, 147(1), 32-39.

LIN X, FENG Y, ZHANG H, et al, 2012. Long-term balanced fertilization decreases arbuscular mycorrhizal fungal diversity in an arable soil in North China revealed by 454 pyrosequencing[J]. Environmental Science & Technology, 46(11), 5764-5771.

LIN Y T, TANG S L, PAI C W, et al, 2014. Changes in the soil bacterial communities in a cedar plantation invaded by moso bamboo[J]. Microbial ecology, 67(2), 421-429.

LIN Y T, WHITMAN W B, COLEMAN D C, et al, 2017. Cedar and bamboo plantations alter structure and diversity of the soil bacterial community from a hardwood forest in subtropical mountain [J]. Applied Soil Ecology, 112, 28-33.

LIU J, SUI Y, YU Z, et al, 2014. High throughput sequencing analysis of biogeographical distribution of bacterial communities in the black soils of northeast China[J]. Soil Biology and Biochemistry, 70, 113-122.

LIU P, LIU Y, LU ZX, et al, 2004. Study on the biological effects of La^{3+} on Escherichia coli by atomic force microscopy[J]. Journal of Inorganic Biochemistry, 98, 68 - 72.

LIU P, XIAO H Y, LI X, et al, 2006. Study on the toxic mechanism of La^{3+} to Escherichia coli[J]. Biological Trace Elements Research, 114, 293 - 299.

LOBOVIKOV M, BALL L, GUARDIA M, et al, 2007. World bamboo resources: A thematic study prepared in the framework of the global forest resources assessment 2005[J]. Food and agriculture organization of the united nations, 18.

LOCEY K J, LENNON JT, 2016. Scaling laws predict global microbial diversity[J]. Proceedings of the National Academy of Sciences of the United States of America, 113(21), 5970.

LOUCA S, PARFREY L W, DOEBELI M, 2016. Decoupling function and taxonomy in the global ocean microbiome[J]. Science, 353(6305), 1272 - 1277.

LUAN J, LIU S, LI S, et al, 2020. Functional diversity of decomposers modulates litter decomposition affected by plant invasion along a climate gradient[J]. Journal of Ecology, https://doi.org/10.1111/1365 - 2745.13548.

LUEDERS T, WAGNER B, CLAUSP, et al, 2004. Stable isotope probing of rRNA and DNA reveals a dynamic methylotroph community and trophic interactions with fungi and protozoa in oxic rice field soil[J]. Environmental Microbiology, 6(1), 60 - 72.

LUPWAYI N, HAMEL C, TOLLEFSON T, 2010. Soil Biology of the Canadian Prairies[J]. Prairie Soils & Crops, 3, 16 - 24.

MA B, WANG H, DSOUZA M, et al, 2016. Geographic patterns of co - occurrence network topological features for soil microbiota at continental scale in eastern China[J]. The ISME Journal, 10, 1891 - 1901.

MARLER M J, ZABINSKI C A, CALLAWAY RM, 1999. Mycorrhizae indirectly enhance competitive effects of an invasive forb on a native bunchgrass[J]. Ecology, 80(4), 1180 - 1186.

MARQUES A P G C, RANGEL A O S S, CASTRO P M L, 2009. Remediation of heavy metal contaminated soils: phytoremediation as a potentially promising clean - up technology[J]. Critical Reviews in Environmental Science and Technology, 39(8), 622 - 654.

MARQUES J P R, MONTANHA G, 2020. Foliar application of rare earth elements on soybean (Glycine max (L)): Effects on biometrics and characterization of phytotoxicity[J]. Journal of Rare Earths, 38(10), 1131 - 1139.

MCMAHON S, BOSAK T, GROTZINGERJ P, et al, 2018. A field guide to finding fossils on Mars [J]. Journal of Geophysical Research Planets, 123(5), 1012 - 1040.

MEEKER J D, ROSSANO M G, PROTAS B, et al, 2008. Cadmium, lead, and other metals in relation to semen quality: human evidence for molybdenum as a male reproductive toxicant[J]. Environmental Health Perspectives, 116(11), 1473 - 1479.

MERROUN M L, CHEKROUN K B, ARIAS J M, et al, 2003. Lanthanum fixation by Myxococcus xanthus: cellular location and extracellular polysaccharide observation [J]. Chemosphere, 52, 113 - 120.

MIAO L, MA Y, XU R, et al, 2011. Environmental biogeochemical characteristics of rare earth elements in soil and soil - grown plants of the Hetai goldfield, Guangdong Province, China[J]. Environmental Earth Sciences, 63(3), 501 -511.

MOORE - KUCERA J, DICK R P, 2008. PLFA profiling of microbial community structure and seasonal shifts in soils of a Douglas - fir chronosequence[J]. Microbial ecology, 55(3), 500 -511.

MORRISON J F, CLELAND WW, 1983. Lanthanide ATP complexes determination of their dissociation constants and mechanism of action as inhibitors of yeast hexo kinase[J]. Biochemistry - US, 22, 5507 -5513.

MUHAMMAD A K, CHENG Z H, XIAO X M, et al, 2011. Ultrastructural studies of the inhibition effect against Phytophthora capsici of root exudates collected from two garlic cultivars along with their qualitative analysis[J]. Crop Protection, 30(9), 1149 -1155.

NAKANISHI T M, TAKAHASHI J, YAGI H, 1997. Rare earth element, Al, and Sc partition between soil and Caatinger wood grown in north - east Brazil by instrumental neutron activation analysis [J]. Biol. Trace Elem. Res, 60, 163 -174.

NELSON B W, OLIVEIRA A, BATISTA G, et al, 2001. Modeling biomass of forests in the southwest Amazon by polar ordination of Landsat TM[C]. Anais X SBSR, Foz do Iguaçu, 1683 -1690.

NGUYEN N H, SONG Z, BATES S T, et al, 2016. FUN Guild: An open annotation tool for parsing fungal community datasets by ecological guild[J]. Fungal Ecology, 20, 241 -248.

NICHOLSON J, LINDON J, HOLMES E, 1999. Metabonomics: understanding the metabolic responses of living system to pathophysiological stimuli via multivariate statistical analysis of biological NMR spectroscopic date[J]. Xenobiotica, 29, 1181 -1189.

NIES D, 2000. Heavy metal - resistant bacteria as extremophiles: molecular physiology and biotechnological use of Ralstonia sp. CH_{34}[J]. Extremophiles Life Under Extreme Conditions, 4(2), 77 -82.

NISHIKAWA R, MURAKAMI T, YOSHIDA S, et al, 2005. Characteristic of temporal range shifts of bamboo stands according to adjacent landcover type[J]. Journal of the Japanese Forest Society (Japan), 87(5), 402 -409.

NORDIN A, 1994. Chemical elemental characteristics of biomass fuels[J]. Biomass and Bioenergy, 6 (5), 339 -347.

O'CONNOR P J, COVICH A P, SCATENA F, et al, 2000. Non - indigenous bamboo along headwater streams of the Luquillo Mountains, Puerto Rico: Leaf fall, aquatic leaf decay and patterns of invasion[J]. Journal of Tropical Ecology, 16(4), 499 -516.

OKUTOMI K, SHINODA S, FUKUDA H, 1996. Causal analysis of the invasion of broad - leaved forest by bamboo in Japan[J]. Journal of Vegetation Science, 7(5), 723 -728.

OLIVEIRA J S B, BIONDO V, SAAB M F, et al, 2014. The use of Rare Earth Elements in the agriculture[J]. entia Agraria Paranaensis.

OLSSON S, ALSTRöMS, 2000. Characterisation of bacteria in soils under barley monoculture and crop rotation[J]. Soil Biology and Biochemistry, 32(10), 1443 -1451.

OZAKI T, ENOMOTO S, MINAI Y, AMBE S, MAKIDE Y, 2000. A survey of trace elements in pteridophytes[J]. Biol. Trace Elem. Res., 74, 259 - 273.

PANKRATOV T, KIRSANOVA L, KAPARULLINAE, et al, 2012. Telmatobacter bradus gen. nov. sp. nov. a cellulolytic facultative anaerobe from subdivision 1 of the Acidobacteria, and emended description of Acidobacterium capsulatum Kishimoto et al. 1991 [J]. International Journal of Systematic & Evolutionary Microbiology, 62(2), 430 - 437.

PARKS D H, TYSON G W, HUGENHOLTZP, et al, 2014. STAMP: Statistical analysis of taxonomic and functional profiles[J]. Bioinformatic, 30(21), 3123 - 3124.

PARK S, LIM S, HA S, et al, 2013. Metabolite profiling approach reveals the interface of primary and secondary metabolism in colored cauliflowers (Brassica oleracea L. ssp. botrytis) [J]. Journal of Agricultural and Food Chemistry, 61(28), 6999 - 7007.

PENG Y S, ZHANG X B, GUI Z M, et al, 2013. Spatial distribution pattern in Emmenopterys henryi and Phyllostachys edulis mixed forest in Lushan Mountain[J]. Guihaia, 33(4), 502 - 507.

PHILLIPS L, WARD V, JONESM, 2014. Ectomycorrhizal fungi contribute to soil organic matter cycling in sub - boreal forests[J]. The ISME Journal, 8(3), 699 - 713.

QI J, 2000. Uptake, distribution and accumulation of rare earth elements in maize and paddy rice plants [J]. Journal of Southwest Agricultural University, 22(6), 545 - 548.

QIN H, NIU L, WU Q, et al, 2017. Bamboo forest expansion increases soil organic carbon through its effect on soil arbuscular mycorrhizal fungal community and abundance[J]. Plant and Soil, 420(1 - 2), 407 - 421.

RAVNEET K, SARABJEET S, 2009. Impact of mulching on growth, fruit yield and quality of strawberry (Fragaria × ananassa Duch.) [J]. Asian Journal of Horticulture, 4(1), 63 - 64.

REINHART K O, CALLAWAY R M, 2006. Soil biota and invasive plants[J]. New phytologist, 170 (3), 445 - 457.

REYNOLDS H L, PACKER A, BEVER JD, et al, 2003. Grassroots ecology: Plant - microbe - soil interactions as drivers of plant community structure and dynamics[J]. Ecology, 84(9), 2281 - 2291.

RILLIG M C, MUMMEYD L, 2006. Mycorrhizas and soil structure[J]. New Phytologist, 171(1), 41 - 53.

RODRIGUEZ - VALERA F, 2004. Environmental genomics, the big picture? [J]. FEMS Microbiology Letter, 231, 153 - 158

ROSSI R E, MULLA D J, JOURNEL AG, et al, 1991. Geostatistical tools for modeling and interpreting ecological spatial dependence [J]. Ecological Monographs, 62, 277 - 314.

ROTHER D C, ALVES K J F, PIZO M A, 2013. Avian assemblages in bamboo and non - bamboo habitats in a tropical rainforest[J]. Emu - Austral Ornithology, 113(1), 52 - 61.

ROUSK J, BååTH E, BROOKES PC, et al, 2010. Soil bacterial and fungal communities across a pH gradient in an arable soil[J]. Isme Journal, 4(10), 1340 - 1351.

SAAD R, KOBAISSI A, ECHEVARRIA G, et al, 2018. Influence of new agromining cropping systems on soil bacterial diversity and the physico - chemical characteristics of an ultramafic soil[J].

Science of The Total Environment, 645, 380 – 392.

SAITOH T, SEIWA K, NISHIWAKI A, 2006. Effects of resource heterogeneity on nitrogen translocation within clonal fragments of Sasa palmata: an isotopic (^{15}N) assessment[J]. Annals of Botany, 98(3), 657 – 663.

SAKAMOTO M, BENNO Y, 2006. Reclassification of Bacteroides distasonis, Bacteroides goldsteinii and Bacteroides merdae as Parabacteroides distasonis gen. nov. comb. nov. Parabacteroides goldsteinii comb. nov. and Parabacteroides merdae comb. nov. [J]. Int J Syst Evol Microbiol, 56(Pt 7), 1599 – 1605.

SAMBE M, HE H, TUQ, et al, 2015. A cold – induced myo – inositol transporter – like gene confers tolerance to multiple abiotic stresses in transgenic tobacco plants[J]. Physiologia Plantarum, 153(3), 355 – 364.

SANJAY K M, RAGHAB R, ARIDANE G G, et al, 2019. State of rare earth elements in the sediment and their bioaccumulation by mangroves: a case study in pristine islands of Indian Sundarban [J]. Environmental science and pollution research international, 26(9), 9146 – 9160.

SASAKIS, 2012. Differences of soil characters from non – managed bamboo (Phyllostachys heterocycla f. pubescens) plantation to adjacent hinoki (Chamaecyparis obtusa) stand[J]. Bulletin of Fukuoka Prefecture Forest Research and Extension Center, 13, 37 – 44.

SCHIJF J, BYRNE R H, 2001. Stability constants for monoand dioxalato – complexes of Y and the REE, potentially important species in groundwaters and surface freshwaters [J]. Geochim. Cosmochim. 65, 1037 – 1046.

SCHMOGER M E V, OVEN M, GRILLE, 2000. Detoxification ofarsenic by phytochelatins in plants [J]. Plant Physiology, 122(3), 793 – 801.

SCURLOCK J, DAYTON D, HAMES B, 2000. Bamboo: an overlooked biomass resource? [J]. Biomass and bioenergy, 19(4), 229 – 244.

SERNA – CHAVEZ H M, FIERER N, VAN BODEGOM P M, 2013. Global drivers and patterns of microbial abundance in soil[J]. Global Ecol. Biogeog, 22, 1162 – 1172.

SHIRAZI A, HEZARKHANI A, SHIRAZYA, 2017. Environmental and biological effects of rare earth elements with special attention to industrial and mining pollution[C]. 8th National Conference and Exhibition of Environmental Engineering.

SI C C, LIU X Y, WANG C Y, et al, 2013. Different degrees of plant invasion significantly affect the richness of the soil fungal community[J]. Plos One, 8(12), e85490.

SIKES B A, COTTENIE K, KLIRONOMOS J N, 2009. Plant and fungal identity determines pathogen protection of plant roots by arbuscular mycorrhizas[J]. Journal of Ecology, 97(6), 1274 – 1280.

SMITH M, NELSON B W, 2011. Fire favours expansion of bamboo – dominated forests in the south – west Amazon[J]. Journal of Tropical Ecology, 27(1), 59 – 64.

SMITH S E, READ DJ, 2008. Mycorrhizal Symbiosis [J]. Quarterly Review of Biology, 3 (3), 273 – 281.

SONG Q, YANG Q, LIU J, et al, 2013. Effects of Phyllostachys edulis expansion on soil nitrogen mineralization and its availability in evergreen broadleaf forest[J]. Yingyong Shengtai Xuebao, 24(2), 338-344.

SPARLINGG P, 1992. Ratio of microbial biomass carbon to soil organic carbon as a sensitive indicator of changes in soil organic matter[J]. Soil Research, 30(2), 195-207.

STINSONK, 2006. Invasive plant suppresses the growth of native tree seedlings by disrupting belowground mutualisms[J]. PLoS biology, 5(4), e140.

SUN J, ZHAO H, WANGY, 1994. Study of the contents of trace rare earth elements and their distribution in wheat and rice samples[J]. J Radioanal Nucl Chem, 179, 377-383.

SUZAKI T, NAKATSUBOT, 2001. Impact of the bamboo Phyllostachys bambusoides on the light environment and plant communities on riverbanks[J]. Journal of Forest Research, 6(2), 81.

SUZUKI S, NAKAGOSHIN, 2008. Expansion of bamboo forests caused by reduced bamboo-shoot harvest under different natural and artificial conditions[J]. Ecological Research, 23(4), 641-647.

TAYLOR A H, QIN Z, 1988. Tree replacement patterns in subalpine Abies-Betula forests, Wolong Natural Reserve, China[J]. Vegetatio, 78(3), 141-149.

TOJU H, KISHIDA O, KATAYAMA N, et al, 2016. Networks depicting the fine-scale co-occurrences of fungi in soil horizons[J]. Plos One, 11(11), e0165987.

TOMIMATSU H, YAMAGISHI H, TANAKAI, et al, 2011. Consequences of forest fragmentation in an understory plant community: extensive range expansion of native dwarf bamboo[J]. Plant Species Biology, 26(1), 3-12.

TRIPATHI S K, SUMIDA A, ONOK, et al, 2006. The effects of understorey dwarf bamboo (Sasa kurilensis) removal on soil fertility in a Betula ermanii forest of northern Japan[J]. Ecological Research, 21(2), 315-320.

TRIPATHI S, SUMIDA A, SHIBATAH, et al, 2006. Leaf litterfall and decomposition of different above-and belowground parts of birch (Betula ermanii) trees and dwarf bamboo (Sasa kurilensis) shrubs in a young secondary forest in Northern Japan[J]. Biology and Fertility of Soils, 43(2), 237-246.

TYLERG, 2004b. Ionic charge, radius, and potential control root/soil concentration ratios of fifty cationic elements in the organic horizon of a beech (Fagus sylvatica) forest Podzol[J]. Sci. Total Environ. (accepted).

TYLER G, OLSSON T, 2001b. Plant uptake of major and minor elements as influenced by soil acidity and liming[J]. Plant Soil, 230, 307-321.

UMEMURA M, TAKENAKA C, 2015. Changes in chemical characteristics of surface soils in hinoki cypress (Chamaecyparis obtusa) forests induced by the invasion of exotic Moso bamboo (Phyllostachys pubescens) in central Japan[J]. Plant species biology, 30(1), 72-79.

VAN DER PUTTEN W H, KLIRONOMOS J N, WARDLE D A, 2007. Microbial ecology of biological invasions[J]. Isme Journal, 1(1), 28-37.

VANCE E D, BROOKES P C, JENKINSON D S, 1987. An extraction method for measuring soil microbial biomass C[J]. Soil biology and Biochemistry, 19(6), 703-707.

VOLOKH A A, GORBUNOV A V, GUNDORINA S F, REVICH B A, FRONTASYEVA M V, PAL C S, 1990. Phosphorus fertilizer production as a source of rare - earth elements pollution of the environment[J]. Sci. Total Environ. 95, 141 - 148.

WANG D, YU S, ZHANG Y, 2017. Changes and influencing factors of soil carbon in evergreen broadleaved forest invaded by Phyllostachys Pubescens in Jiangxi Province, South China[J]. Journal of Tropical Forest Science, 29(1), 37 - 43.

WANG K, ZHANG Y, TANG Z, et al, 2019. Effects of grassland afforestation on structure and function of soil bacterial and fungal communities [J]. Science of The Total Environment, 676, 396 - 406.

WANG Q, DENG R, LIU R, et al, 2010. Discovery of the REE minerals and its geological significance in the Quyang bauxite deposit, West Guangxi, China[J]. Journal of Asian Earth ences, 39(6), 701 - 712.

WANG Q, XU Q, JIANGP, et al, 2009. DGGE analysis of PCR of 16S rDNA V3 fragments of soil bacteria community in soil under natural broadleaf forest invaded by Phyllostachy pubescens in Tianmu Mountain Nature Reserve[J]. Acta Pedologica Sinica, 46(4), 662 - 669.

WANG X, SASAKI A, TODA M, et al, 2016. Changes in soil microbial community and activity in warm temperate forests invaded by moso bamboo (Phyllostachys pubescens) [J]. Journal of forest research, 21(5), 235 - 243.

WANG Y J, SHI X P, TAO J P, 2012. Effects of different bamboo densities on understory species diversity and trees regeneration in an Abies faxoniana forest, Southwest China[J]. Scientific Research and Essays, 7(6), 660 - 668.

WARDLE D A, BARDGETT R D, KLIRONOMOS J N, et al, 2004. Ecological linkages between aboveground and belowground biota[J]. Science, 304(5677), 1629 - 1633.

WEIDENHAMER J D, CALLAWAY R M, 2010. Direct and indirect effects of invasive plants on soil chemistry and ecosystem function[J]. Journal of chemical ecology, 36(1), 59 - 69.

WEISSENHORN I, LEYVALC, 1996. Spore germination of arbuscular mycorrhizal fungi in soils differing in heavy metal content and other parameters[J]. European Journal of Soil Biology, 32(4), 165 - 172.

WEN B, YUAN D A, SHAN X Q, LI F L, ZHANG S Z, 2001. The influence of rare earth element fertilizer application on the distribution and bioaccumulation of rare earth elements in plants under field conditions[J]. Chem. Spec. Bioavailab, 13, 39 - 48.

WEN H Y, PENG R Z, CHEN X W, 2000. Application of rare earth compound fertilizer in some crops in central Yunnan[J]. Chin Rare Earths, 21, 50 - 54.

WEYENS N, LELIE D V D, TAGHAVI S, et al, 2009. Exploiting plant - microbe partnerships to improve biomass production and remediation[J]. Trends in Biotechnology, 27(10), 591 - 598.

WICHEO, ZERTANIV, HENTSCHELW, et al, 2017. Germanium and rare earth elements in topsoil and soil - grown plants on different land use types in the mining area of Freiberg (Germany) [J]. Journal of Geochemical Exploration, 175, 120 - 129.

WROE A, SCHNEIDERS T, 2009. Clostridia: Molecular biology in the post - genomic era[J]. Clinical Infectious Diseases, 49(3), 486.

WU J, WANG C, MEI X, 2001. Stimulation of taxol production and excretion in Taxus spp cell cultures by rare earth chemical lanthanum[J]. Journal of Biotechnology, 85(1), 67 -73.

WU J S, JIANG P K, WANG Z L, 2008. The effects of phyllostachys pubescens expansion on soil fertility in National Nature Reserve of Mount Tianmu[J]. Acta Agriculturae Universitatis Jiangxiensis, 30(4), 689 -692.

WU Z H, LUO J, GUO H Y, WANG X R, YANG CS, 2001a. Adsorption isotherms of lanthanum to soil constituents and effects of pH, EDTA and fulvic acid on adsorption of lanthanum onto goethite and humic acid[J]. Chem. Spec. Bioavailab, 13, 75 -81.

WUTSCHER H K, PERKINS R E, 1993. Acid extractable rare - earth elements in Florida Citrus soils and trees[J]. Commun. Soil Sci. Plan, 24, 2059 -2068.

WYTTENBACH, A, TOBLER R, FURRER V, 1996. The concentrations of rare earth elements in plants and in the adjacent soils [J]. Journal of Radioanalytical and Nuclear Chemistry, 204, 401 -413.

XU J, WANG W, SUN J, et al, 2011. Involvement of auxin and nitric oxide in plant Cd - stress responses[J]. Plant and soil, 346(1 -2), 107.

XU Q F, LIANG C F, CHEN J H, et al, 2017. RETRACTED ARTICLE: Running bamboo invasion in native and non - native regions worldwide[J]. Biological Invasions, 19(11), 3459 -3459.

XU Q F, JIANG P K, WU J S, et al, 2015. Bamboo invasion of native broadleaf forest modified soil microbial communities and diversity[J]. Biological invasions, 17(1), 433 -444.

XU R, MA X L, 2015. Study on plant diversity of different management period in rare earth elements mining area of Fujian Province, South China[J]. Journal of Anhui Agricultural Sciences.

XU S T, LIU G C, 2012. Game analysis between the development of rare earth elements and the protection of ecological environment in southern of China[J]. IEEE.

XU X K, ZHU W Z, WANG Z J, WITKAMP GJ, 2002. Distribution of rare earths and heavy metals in field - grown maize after application of rare earth - containing fertilizer[J]. Sci. Total Environ., 293, 97 -105.

XU X, ZHU W, WANG Z, et al, 2003. Accumulation of rare earth elements in maize plants (Zea mays L.) after application of mixtures of rare earth elements and lanthanum[J]. Plant and Soil, 252 (2), 267 -277.

XU X K, WANG Z J, 2001. Effect of lanthanum and mixtures of rare earths on ammonium oxidation and mineralization of nitro - gen in soil[J]. Eur J Soil Sci, 52, 323 -330.

XU X, ZHU, W, WANG Z, WITKAMP GJ, 2002. Distribution of rare earths and heavy metals in field - grown maize after application of rare earth - containing fertilizers[J]. The Science of Total Environment, 293, 97 -105.

YAMADA K, HANAMURO T, TAGAMIT, et al, 2009. (U - Th)/He thermochronologic analysis of the median tectonic line and associated pseudotachylyte [J]. Geochmica et Cosmochimica

Acta, 73(13).

YANG S J, SUN M, ZHANG Y J, et al, 2014. Strong leaf morphological, anatomical, and physiological responses of a subtropical woody bamboo (Sinarundinaria nitida) to contrasting light environments[J]. Plant Ecology, 215(1), 97 - 109.

YELLE D, RALPH J, LU F, et al, 2008. Evidence for cleavage of lignin by a brown rot basidiomycete[J]. Environmental Microbiology, 10(7), 1844 - 1849.

YOKOOK, 2005. The effect of expanding bamboo on stand structure of Japanese cypress (Chamaecyparis obtusa) and surface soil[J]. Kyushu J for Res, 58, 195 - 198.

YU X, YU D, LU Z, et al, 2005. A new mechanism of invader success: exotic plant inhibits natural vegetation restoration by changing soil microbe community[J]. Chinese Science Bulletin, 50(11), 1105 - 1112.

ZEREMSKI - SKORIC T M, 2010. Rare earth elements - yttrium and higher plants[J]. Matica Srpska Proceedings for Natural ences, 118, 87 - 98.

ZHANG C, JIN Z, SHIS, 2003. Microflora and microbial quotient (qMB, qCO_2) values of soils in different forest types on Tiantai Mountain in Zhejiang [J]. Chinese Journal of Ecology, 22 (2), 28 - 31.

ZHANG X, DU Y, WANGL, et al, 2015. Combined effects of lanthanum (III) and acid rain on antioxidant enzyme system in soybean roots [J]. Plos One, 10(7), e0134546.

ZHANG S, SHANX, 2001. Speciation of rare earth elements in soil and accumulation by wheat with rare earth fertilizer application[J]. Environmental Pollution, 112, 395 - 405.

ZHAO R M, LIU Y, XIE Z X, et al, 2000. A microcalorimetric method for studying the biological effects of La^{3+} on Escherichia coli[J]. Journal of Biochemical and Biophysical Methods, 46, 1 - 9.

ZHAO R M, LIU Y, XIE Z X, et al, 2002. Microcalorimetric study of the action of Ce (III) ions on the growth of E. coli[J]. Biological Trace Elements Research, 86, 167 - 175.

ZHOU G, MENG C, JIANG P, et al, 2011. Review of carbon fixation in bamboo forests in China [J]. The botanical review, 77(3), 262.

ZHOU J, XUE K, XIE J, et al, 2011. Microbial mediation of carbon - cycle feedbacks to climate warming[J]. Nature Climate Change, 2(2): 106 - 110.

ZHOU L, LI Z, LIU W, et al, 2015. Restoration of rare earth mine areas: organic amendments and phytoremediation [J]. Environmental Science & Pollution Research, 22(21), 17151 - 17160.

图书在版编目(CIP)数据

基于组学技术的植物根际土壤微生态研究 / 董伟，李丝雨，谢东著. —长沙：中南大学出版社，2021.6

ISBN 978-7-5487-4401-6

Ⅰ. ①基… Ⅱ. ①董… ②李… ③谢… Ⅲ. ①植物—根系—土壤生态体系—研究 Ⅳ. ①Q944.54

中国版本图书馆 CIP 数据核字(2021)第 071891 号

基于组学技术的植物根际土壤微生态研究

JIYU ZUXUE JISHU DE ZHIWU GENJI TURANG WEISHENGTAI YANJIU

董 伟 李丝雨 谢 东 著

□**责任编辑** 刘小沛
□**责任印制** 易红卫
□**出版发行** 中南大学出版社
社址：长沙市麓山南路　　邮编：410083
发行科电话：0731-88876770　　传真：0731-88710482
□**印　　装** 长沙市雅鑫印务有限公司

□**开　　本** 710 mm×1000 mm 1/16 □**印张** 8.5 □**字数** 178 千字
□**互联网+图书 二维码内容** 字数 1 千字 图片 12 张
□**版　　次** 2021 年 6 月第 1 版 □2021 年 6 月第 1 次印刷
□**书　　号** ISBN 978-7-5487-4401-6
□**定　　价** 45.00 元